21 世纪全国高职高专计算机系列实用规划教材

ASP 动态网站设计与开发

主　编　胡晓凤

北京大学出版社
PEKING UNIVERSITY PRESS

内 容 简 介

本书主要介绍了 ASP 动态网站的创建与维护、ASP 动态网页的编写以及 ASP 动态网页访问数据库。全书共 9 章，具体内容包括：概述、HTML 网页设计、CSS 样式应用、VBScript 脚本编程、ASP 内置对象应用、ADO 数据对象、创建 BBS 网络论坛、学院教研室信息发布与开发、毕业设计综合管理系统。

本书层次分明，语言流畅，实例丰富，图文并茂，既可作为高职高专院校计算机类专业的教材，也可供从事动态网站设计和开发的人员参考和使用。

图书在版编目(CIP)数据

ASP 动态网站设计与开发 / 胡晓凤主编. —北京：北京大学出版社，2019.1
21 世纪全国高职高专计算机系列实用规划教材
ISBN 978-7-301-30135-7

Ⅰ.①A…　Ⅱ.①胡…　Ⅲ.①网页制作工具—程序设计—高等职业教育—教材　Ⅳ.①TP393.092

中国版本图书馆 CIP 数据核字（2018）第 283930 号

书　　　名	ASP 动态网站设计与开发
	ASP DONGTAI WANGZHAN SHEJI YU KAIFA
著作责任者	胡晓凤　主编
责 任 编 辑	王显超　翟　源
标 准 书 号	ISBN 978-7-301-30135-7
出 版 发 行	北京大学出版社
地　　　址	北京市海淀区成府路 205 号　100871
网　　　址	http://www.pup.cn　新浪微博：@北京大学出版社
电 子 信 箱	pup_6@163.com
电　　　话	邮购部 010-62752015　发行部 010-62750672　编辑部 010-62750667
印 刷 者	北京虎彩文化传播有限公司
经 销 者	新华书店
	787 毫米×1092 毫米　16 开本　10 印张　230 千字
	2019 年 1 月第 1 版　2019 年 1 月第 1 次印刷
定　　　价	32.00 元

前　言

一、课程的性质与任务

"ASP 动态网站设计"是高等职业院校计算机各专业的一门主干考试专业课，其主要任务是使学生掌握 ASP 动态网页设计的基础知识和基本技能，培养学生利用 ASP 技术开发动态网站的能力，提高学生的职业技能和素质，为适应职业岗位和继续学习打下一定的基础。

二、教学目标

本课程的教学目标是使学生能运用所学的 ASP(Active Server Pages)知识，根据实际问题进行 ASP 动态网站的创建与维护、ASP 动态网页的编写，并通过 ASP 动态网页访问数据库，使学生具有 ASP 动态网站开发的初步能力。

(1) ASP 使用基础。掌握配置 ASP 运行环境的方法，能够安装服务器软件、启动或停止服务、创建虚拟目录并通过一个 ASP 页来进行测试。

(2) HTML 语言。掌握 HTML 基本知识，了解 HTML 工作原理、标记基础、HTML 文档的基本结构。

(3) VBScript 语言。理解什么是 VBScript，掌握在 HTML 页面中添加 VBScript 代码的方法。

(4) 使用 ASP 对象。掌握在 ASP 页面中添加服务器端脚本的方法，了解 ASP 内置对象和如何内置服务器端文件。

(5) 使用 ADO 对象：掌握 Connection 对象和 Recordset 对象的使用方法。

(6) 设计实例。掌握论坛的设计方法，能够实现查看主题、发表主题、保存主题、回复主题以及保存回复等系统功能。

(7) 应用案例。对于教研室这样的信息网站来说用户是固定的，主要是面向在校的师生，主要是为学校的信息发布提供服务。本网站为广大师生提供大量的、免费的、有价值的信息，主要包括：系级信息、工作信息、培训信息、娱乐新闻、学习信息、学生信息、灌水信息等，为广大师生提供便利，同时也可以利用该网站对教研室信息、学生信息等进行集中管理。

本书由北京政法职业学院胡晓凤担任主编，在编写过程中参考了有关教材，同时也吸收和听取了许多院校专家及企业人士的宝贵经验和建议，在此谨向对本书编写、出版提供帮助的人士表示衷心的感谢！

由于作者水平有限，书中疏漏之处在所难免，恳请读者批评指正。

编　者

2018 年 3 月

目　　录

第 1 章　概　　述

1. 了解 Web 基础概念，了解脚本语言，掌握静态网页和动态网页的区别。
2. 掌握 ASP 的工作原理，掌握 ASP 的特点和功能。
3. 掌握安装 Web 服务器软件的步骤，能够配置和测试 IIS，熟悉配置 IIS 服务器错误原因。
4. 掌握使用 Dreamweaver 设置站点，能够简单编写 ASP 程序并运行。

1.1　Web 基础知识

1.1.1　Web 基础概念

1. Web

World Wide Web 也称 Web、WWW 或万维网，是 Internet 上集文本、声音、动画、视频等多种媒体信息于一身的信息服务系统。

整个系统由 Web 服务器、浏览器(Browser)及通信协议三部分组成。基于 Web 的信息一般使用 HTML 格式以超文本和超媒体方式传送。

Web 服务以客户机/服务器模式运行。信息资源以页面形式存储在 Web 服务器上，用户通过客户端的 Web 浏览器向 Web 服务器发出查询请求；Web 服务器根据客户端请求的内容做出响应，并将存储在服务器上的某个页面发送给客户端；Web 浏览器对收到的页面进行解释，并将页面显示给用户。

Web 服务器通常是指安装了服务器软件的计算机，它使用 HTTP 或 FTP 之类的 Internet 协议来响应 TCP/IP 网络上的 Web 客户请求。

常见的 Web 服务器软件包括 Microsoft 的 IIS 和 PWS 以及 Linux 系统的 Apache，常用的 Web 浏览器软件有 Microsoft Internet Explorer(IE)。

2. URL

URL 即统一资源定位符，是一种唯一的标识 Internet 上计算机、目录和文件的位置的命名规则。URL 用于指定获得 Internet 上资源的方式和位置，通常也称为 URL 地址、网站地址或网址，其一般形式可以表示如下：

```
<方式>://<主机名>:<端口>/<目录>/<文件名>
```

其中：

<方式>指定访问该资源所使用的 Internet 协议，常用形式有 http(超文本传输协议)、ftp(文件传输协议)、mailto(电子邮件地址)、news(网络新闻组)、telnet(远程登录服务)和 file(本地文件)等。

<主机名>指定 Web 服务器的 IP 地址或域名地址。IP 地址是唯一标识网络上某一主机的地址，它将计算机标识为一个 32 位地址，可以用带句点的十进制数来表示。域名地址也称为 DNS 地址，它由 4 个部分组成，常用形式为"机器名.单位名.单位类别.国别"。

<端口>指定 Web 服务器在该主机上所使用的 TCP 端口，默认端口是 80，通常不需要指定，只有当 Web 服务器不使用默认端口时才需要指定端口。

<目录>可以是 Web 服务器上信息资源所在的目录。

<文件名>由基本文件名和扩展名两部分组成，如 index.htm 等。

3．HTML

在 Web 服务中，信息一般是使用 HTML 格式以超文本和超媒体方式传送的，所使用的 Internet 协议是 HTTP 协议。

HTML 的全称是 Hypertext Markup Language，即超文本标记语言，是用于 WWW 上文档的格式化语言。使用 HTML 语言可以创建超文本文档，该文档可以从一个平台移植到另一个平台。HTML 文件是带有嵌入代码(由标记表示)的 ASCII 文本文件，它用来表示格式化和超文本链接。HTML 文件的内容通过一个页面展示出来，通过超链接将不同页面关联起来。

4．HTTP

HTTP 的全称是 Hypertext Transfer Protocol，即超文本传输协议。HTTP 协议是用于访问 WWW 上信息的客户机/服务器协议。HTTP 协议建立在 TCP/IP 协议的应用层之上。其一般实现过程包括：客户端与指定的服务器建立连接；由客户端提出请求并发送到服务器；服务器收到客户端的请求后，取得相关对象并发送到客户端；在客户端接收完对象后，关闭连接。

5．Web 页与 Web 站点

Web 页就是 World Wide Web 文档，通常称为网页。Web 页一般由 HTML 文件组成，其中包含相关的文本、图像、声音、动画、视频以及脚本命令等，位于特定计算机的特定目录中，其位置可以根据 URL 确定。按照 Web 服务器响应方式的不同，可以将 Web 页分为静态网页和动态网页。

一般的 Web 站点是由一组相关的 HTML 文件和其他文件组成，这些文件存储在 Web 服务器上。当用户访问一个 Web 站点时，该站点中有一个页面总是被首先打开，该页面称为首页或主页。

6. Web 应用程序

Web 应用程序就是使用 HTTP 作为核心通信协议，并使用 HTML 语言向用户传递基于 Web 的信息的应用程序，也称为基于 Web 的应用程序。一个 Web 应用程序，实质上就是一组静态网页和动态网页的集合，在这些网页之间可以相互传递信息，还可以通过这些网页对 Web 服务器上的各种资源(包括数据库)进行存取。

1.1.2　脚本语言

脚本是指嵌入 Web 页中的程序代码，所使用的编程语言称为脚本语言。按照执行方式和位置的不同，脚本分为客户端脚本和服务器端脚本。客户端脚本在客户端计算机上被 Web 浏览器执行，服务器端脚本在服务器端计算机上被 Web 服务器执行。

脚本语言是一种解释型语言，客户端脚本的解释器位于 Web 浏览器中，服务器端脚本的解释器则位于 Web 服务器中。静态网页最多只能包含客户端脚本，动态网页则可以同时包含客户端脚本和服务器端脚本，且必须包含服务器端脚本。

Microsoft 公司开发了两种标准的脚本语言：VBScript 和 JScript。VBScript 是程序开发语言 Visual Basic 家族的最新成员，它将灵活的脚本应用于更广泛的领域，包括 Microsoft Internet Explorer 中的客户端脚本和 Microsoft Internet Information Server 中的服务器端脚本。JScript 是 Microsoft 公司对 ECMA 262 语言规范的一种实现。JScript 完全实现了该语言规范，并且提供了一些利用 Microsoft Internet Explorer 的功能的增强特性。JScript 是一种解释型的、基于对象的脚本语言。

1.1.3　静态网页与动态网页

1. 静态网页

静态网页是标准的 HTML 文件，其文件扩展名是.htm 或.html，它可以包含 HTML 标记、文本、Java 小程序、客户端脚本以及客户端 ActiveX 控件，但这种网页不包含任何服务器端脚本，该网页中的每一行 HTML 代码都是在放置到 Web 服务器前由网页设计人员编写的，在放置到 Web 服务器后便不再发生任何更改，所以称为静态网页。

静态网页包含翻转图像、Gif 动画或 Flash 影片等，从而具有很强的动感效果。此处所说的静态网页是指在发送到浏览器后不再进行修改的 Web 页，其最终内容是由设计人员事先确定的。

静态网页的处理流程如下。

(1) 请求：当用户单击 Web 页上的某个链接时，浏览器向 Web 服务器发送一个网页请求。

(2) 查找：Web 服务器收到该请求，通过文件扩展名.htm 或.html 判断出是 HTML 文件请求，并从磁盘或存储器中获取适当的 HTML 文件。

(3) 发送：Web 服务器将找到的 HTML 文件发送到浏览器。

(4) 解释：客户端浏览器对该 HTML 文件进行解释，并将结果显示在浏览器窗口中，如图 1.1 所示。

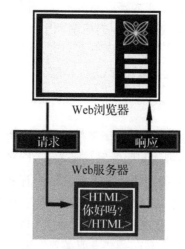

图 1.1　静态网页的处理流程

2．动态网页

动态网页与静态网页之间的区别在于：①动态网页中的某些脚本只能在 Web 服务器上运行，而静态网页中的任何脚本都不能在 Web 服务器上运行；②动态网页与静态网页文件扩展名不同，对于动态网页来说，其文件扩展名不再是.htm 或.html，是与所使用的 Web 应用开发技术有关，例如使用 ASP 技术时文件扩展名为.asp 等。

当 Web 服务器接收到对静态网页的请求时，服务器将该网页发送到请求浏览器，而不做进一步的处理。当 Web 服务器接收到对动态网页的请求时，它将做出不同的反应：它将该网页传递给一个称为应用程序服务器的特殊软件扩展，然后由这个特殊软件负责完成。应用服务器软件与 Web 服务器软件通常安装、运行在同一台计算机上。使用不同的 Web 开发技术创建动态网页时，所用的应用程序服务器软件也是不同的。

动态网页的处理流程如下。

(1) 请求：用户通过浏览器向 Web 服务器发送一个 ASP 文件请求。

(2) 查找：Web 服务器收到该请求后，根据扩展名.asp 判断出这是一个 ASP 文件请求，并从硬盘中查找出所请求的 ASP 文件。

(3) 服务器端解释：Web 服务器向应用程序扩展 asp.dll 发送 ASP 文件，asp.dll 自上而下解释并执行 ASP 网页中包含的服务器端脚本命令，处理后的结果是生成了静态 HTML 文件。

(4) 发送：Web 服务器将该 HTML 文件发送到客户端浏览器。

(5) 解释：客户端浏览器对该 HTML 文件进行解释，并将执行结果显示在浏览器窗口中，如图 1.2 所示。

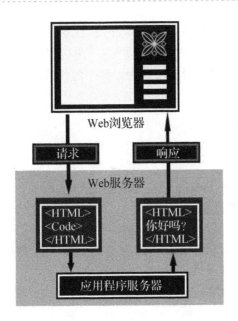

图 1.2　动态网页的处理流程

1.2　ASP 技术概述

1.2.1　ASP 概述和工作原理

1.　ASP 概述

ASP 是一种服务器端脚本编写环境，它以 VBScript 或 JScript 作为脚本语言，用来创建包含 HTML 标记、文本和脚本命令的动态网页，称为 ASP 动态网页，其文件扩展名是.asp。

Active：整合了微软的 ActiveX 技术，提供了丰富的对象和组件，构建应用程序。

Server：在服务器端必须提供解释执行 ASP 脚本环境的环境(或称服务器软件，如 IIS)。

Pages：从服务器端返回浏览器的是 ASP 脚本解释执行后生成的 HTML 静态网页，而不是服务器端的 ASP 源代码。

ASP 动态网页中可以包含服务器端脚本，安装在 Web 服务器计算机上的应用程序扩展软件负责解释并执行这些脚本。该软件的文件名为 asp.dll，通常称为 ASP 引擎，也就是前文所说的应用程序服务器。

2.　ASP 的工作原理

当在 Web 站点中融入 ASP 功能后，将发生以下事情。

(1) 用户调出站点内容，默认页面的扩展名是.asp。

(2) 浏览器从服务器上请求 ASP 文件。

(3) 服务器端脚本开始运行 ASP。

(4) ASP 文件按照从上到下的顺序开始处理，执行脚本命令，执行 HTML 页面内容。

(5) 页面信息发送到浏览器。

因为脚本是在服务器端运行的，所以 Web 服务器完成所有处理后，将标准的 HTML 页面送往浏览器。这意味着 ASP 只能在可以支持的服务器上运行。让脚本驻留在服务器端的另外一个好处是：用户不可能看到原始脚本程序的代码，用户看到的仅仅是最终产生的 HTML 内容。

1.2.2　ASP 的特点和功能

1.　ASP 的特点

(1) 简单易学。HTML+VBScript(或 JAVAScript)=ASP。

(2) 无须编译，并且容易编写和维护。

(3) ASP 提供了一些内置对象，使用这些对象可以使服务器端脚本功能更强。例如，可以从 Web 浏览器中获取用户通过 HTML 表单提交的信息，并在脚本中对这些信息进行处理，然后向 Web 浏览器发送信息。

(4) ASP 可以使用服务器端 ActiveX 对象和组件来执行各种各样的任务。例如，存取数据库、发送 E-mail 或访问文件系统等。

(5) ASP 提高了程序的安全性。ASP 脚本只在 Web 服务器上执行，在客户端计算机浏览器中可以看到脚本的执行结果(即 HTML 静态网页)，但看不到 ASP 源代码本身。ASP 是独立于浏览器的。

(6) ASP 网页与标准 HTML 网页既有区别又有联系：ASP 网页的文件扩展名为.asp，标准 HTML 网页的文件扩展名则是.htm 或.html；标准 HTML 网页不经过处理即可发送到浏览器，处理 ASP 网页时先执行服务端脚本而后生成 HTML 页。从浏览器来看，ASP 网页与标准 HTML 网页几乎是完全相同的，向 Web 服务器发出一个 ASP 请求后，浏览器将收到一个标准 HTML 网页。

(7) 语言兼容性强，可兼容第三方脚本语言。

(8) ASP 文件是一种无格式的纯文本文件，可以使用记事本之类的文本编辑器通过手工方式来编写。

2.　ASP 的功能

(1) 处理表单数据，实现交互过程。

(2) 访问服务器端的后台数据库，执行数据的添加、修改、删除和查询功能。

(3) 控制和管理用户的访问权限。

(4) 记录访问者的信息，跟踪用户的活动。

(5) 结合 HTML 页面元素，实现各种网站导航。

1.2.3　ASP 开发工具

ASP 常用的开发工具如下。

(1) 记事本。

(2) FrontPage。

(3) Dreamweaver。

(4) EditPlus。

(5) Viual InterDev。

本书使用 Dreamweaver 进行开发。

1.3　配置 ASP 运行环境

要使用 ASP 创建动态网页，首先要从硬件和软件方面配置好 ASP 的运行环境。在硬件方面，必须在计算机上安装网卡，至少要安装一个虚拟网卡，例如 Microsoft Loopback Adapter；在软件方面，必须安装 TCP/IP 协议和服务器软件。

1.3.1　安装 Web 服务器软件

在 Windows 平台上创建 ASP 动态网页之前，应当在计算机上安装服务器软件 IIS(Internet Information Server)。这种服务器软件有一个共同特点，即同时兼有 Web 服务器和 ASP 应用程序服务器的功能。

选择哪种服务器软件，与所使用的 Windows 版本有关。在微软 Windows 2000 以上平台上安装 IIS 作为 Web 服务器软件。

IIS 是基于 TCP/IP 的 Web 应用系统，使用 IIS 可使运行 Windows 2000/XP/03/10 的计算机成为功能强大的大容量 Web 服务器。IIS 不但可以通过使用 HTTP 协议传输信息，还可以提供 FTP 服务，IIS 可以轻松地将信息发送给整个 Internet 上的用户。

IIS 的具体安装步骤如下(以 Windows7 为例)。

(1) 控制面板→程序和功能→打开或关闭 Windows 功能，如图 1.3 所示。

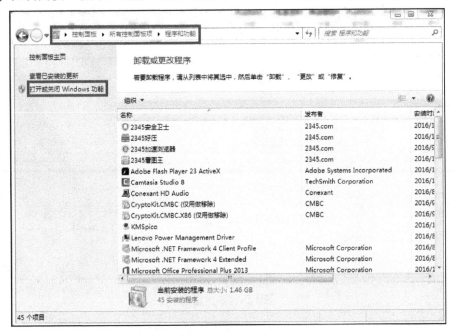

图 1.3　打开或关闭 Windows 功能

(2) 在 Windows 功能安装向导中，选择"Internet 信息服务(IIS)"，勾选"万维网服务"全部选项，单击"确定"按钮，如图 1.4 所示。

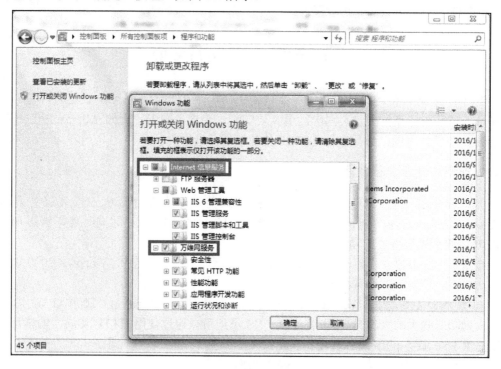

图 1.4 安装 IIS

(3) 完成安装后，系统在"控制面板→管理工具→Internet 信息服务(IIS)管理器"，此时服务器的 Web 服务会自动启动，如图 1.5 所示。

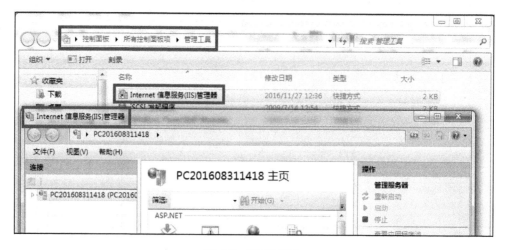

图 1.5 IIS 的启动

1.3.2　配置 IIS

在 IIS 里配置默认网站有以下三个步骤。

(1) 网站：正确设置站点的 IP 地址和端口。单击 IIS 右边的【绑定】链接，在出现的网站绑定窗口中，从 IP 地址下拉框中选择本机的 IP 地址，同时设置端口为 80，如图 1.6 所示。

图 1.6　配置 IIS 站点的 IP 地址和端口

(2) 主目录物理路径：正确设置站点主目录的物理路径，主目录即要浏览的网页所在的文件夹。单击 IIS 右边的【基本设置】链接，在出现的编辑网站窗口中，正确设置网站主目录的物理路径，如图 1.7 所示。

图 1.7　配置 IIS 站点的主目录

(3) 文档：正确设置站点默认主页文档。单击下边 IIS 内容里的【默认文档】图标，在出现的默认文档窗口中，添加要测试的 ASP 文件，如图 1.8 和图 1.9 所示。

图 1.8　配置 IIS 站点的默认文档(1)

图 1.9　配置 IIS 站点的默认文档(2)

1.3.3 测试 IIS

使用浏览器，在地址栏里输入 http://服务器的 IP 地址：端口，如图 1.10 所示。

● 注意：80 默认，可省略，其他端口需加端口号。

例如：http://192.168.0.101

http://192.168.0.101：8080

● 如果是本机测试，也可以使用如下测试。

http://127.0.0.1

http://localhost

图 1.10 测试 ASP 文件

【注意】在 ASP 学习中，我们可能需要同时测试很多 ASP 程序，那么需要对主目录下的多个 ASP 文件进行很多次默认文档的设置和测试，这样很烦琐，在这种情况下，我们配置 IIS 时，不需要配置默认文档，而是配置显示主目录下的所有文件，需要测试哪个 ASP 程序，就单击相应的 ASP 文件，也就是启用 IIS 的目录浏览功能，如图 1.11 和图 1.12 所示。同时禁用 IIS 站点的默认文档，如图 1.13 所示。当全部文件测试通过后，最后阶段整个网站需要发布时，我们再配置一次网站主页为默认文档，如图 1.14 和图 1.15 所示。

图 1.11 启用 IIS 站点的目录浏览(1)

图 1.12　启用 IIS 站点的目录浏览(2)

图 1.13　禁用 IIS 站点的默认文档

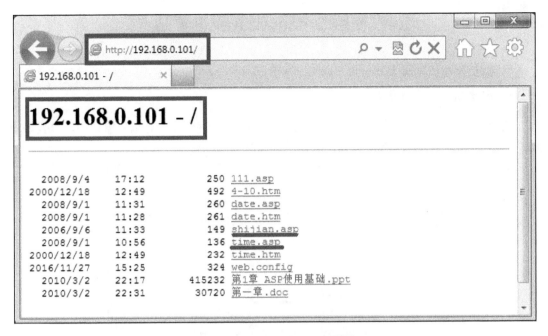

图 1.14 启用 IIS 站点的目录浏览(3)

图 1.15 启用 IIS 站点的目录浏览(4)

1.3.4 配置 IIS 服务器错误集锦

常见的配置 IIS 服务器错误如下所述。

(1) IP 地址不是本机的 IP 地址。

(2) 测试时，非 80 端口丢掉。

(3) 配置的主目录不是文档文件所在的目录。

(4) http://写错。

1.4 使用 Dreamweaver 设置站点

先配置 IIS，再配置 DW，但不是必须要配置 DW。

1. 新建站点或管理站点

选择【站点】菜单，单击【新建站点】，在出现的"站点设置对象"窗口中，设置好自己的站点名称和要测试的网站的文件夹，如图 1.16 所示。

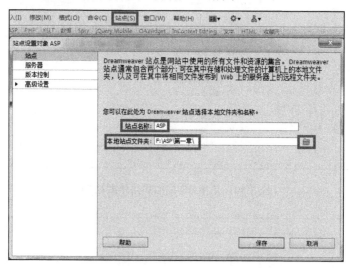

图 1.16　使用 Dreamweaver 设置站点(1)

2. 设置站点 Web URL 地址

单击【高级设置】→【本地信息】，设置"Web URL"为本机的 IP 地址，即"http://192. 168.0.101"或"http://127.0.0.1"，但须与 IIS 设置的 IP 地址保持一致，如图 1.17 所示。

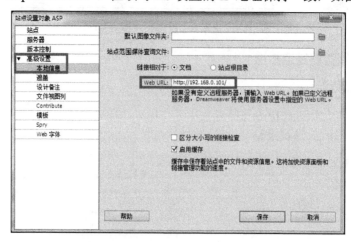

图 1.17　使用 Dreamweaver 设置站点(2)

3. 设置文件存储位置(一定要把路径中的站点名字删除)

单击【服务器】选项，设置"根目录"为站点要测试的文件所在的目录，设置"Web URL"为本机的 IP 地址，即"http://192.168.0.101"或"http://127.0.0.1"，但必须与图 1.17 中的地址保持一致，如图 1.18 所示。

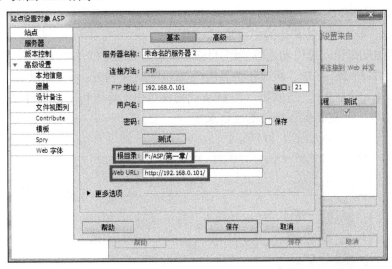

图 1.18 使用 Dreamweaver 设置站点(3)

4. 测试 ASP 程序

选择要测试的 ASP 程序，单击"测试"按钮测试，或者按 F12 键测试，如图 1.19 所示。

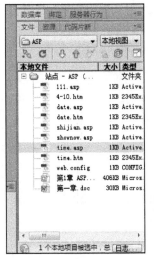

图 1.19 选择要测试 ASP 文件

【注意】先配置 IIS，再配置 DW，并且 DW 和 IIS 中的 IP、端口、主目录必须保持一致。

1.5 编写第一个 ASP 程序

1. 编写 ASP 程序

编写 ASP 程序步骤如下。

(1) 建立一个个人文件夹作为主目录。

(2) 配置 IIS 的 IP、端口和主目录(主目录即为程序所在的文件夹)。

(3) 配置 DW 站点的 IP、端口和主目录(注意：一定要与 IIS 保持一致)。

(4) 编写第一个 ASP 动态网页，在 DW 代码窗口中，输入以下内容并以 time.asp 为扩展名来保存文件，一定要保存到你的主目录中。

time.asp 代码参考，如图 1.20 所示。

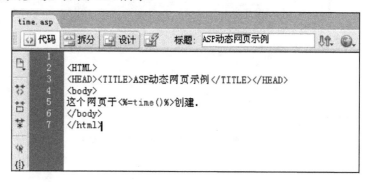

图 1.20 time.asp 代码参考

其中：<% =time() %>是在服务器端执行的脚本，用于显示在服务器上处理该页的时间。程序运行后的效果，如图 1.21 所示。

图 1.21 程序运行后的效果示意图

2. 配置 ASP 运行环境

根据所用 Windows 版本，安装适当的 Web 服务器软件，然后创建一个名为"上机实验"的文件夹，并在该目录中创建一个 ASP 动态网页，最后在 IE 浏览器中运行该网页。

具体步骤如下。

(1) 练习 IIS 相应版本的安装和卸载操作。

(2) 创建一个名为"上机实验"的文件夹，将其设置为 Web 站点中的主目录。

(3) 在记事本程序中编写一个 ASP 动态网页，用于显示当前日期和时间，将文件保存在上述主目录文件夹中，文件名为 ShowNow.asp。

提示：显示当前日期和时间使用以下代码：

```
<% =Now()%>
```

(4) 在 IE 浏览器中运行 ASP 文件 ShowNow.asp，并按 F5 键刷新页面，以查看动态内容，如图 1.22 所示。

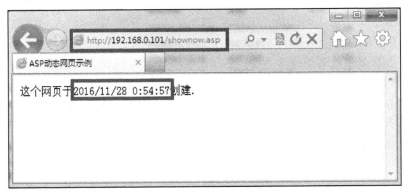

图 1.22 运行 ShowNow.asp 页面

习 题

1. 静态网页与动态网页在运行时的最大区别是什么？

2. 简述 ASP 的功能和特点。

3. ASP 常用开发工具有哪些？

第2章　HTML网页设计

📖 **教学目标**

1. 掌握 HTML 基本知识，了解 HTML 的工作原理、标记基础、HTML 文档的基本结构以及添加注释的方法。

2. 掌握设置文本格式的方法，能够在 HTML 页中分段与换行，设置段落对齐方式，设置字体、字号和颜色，设置字符样式以及插入特殊字符。

3. 掌握在网页中使用图像的方法，能够在网页中插入图像、设置图像格式与布局以及播放多媒体文件。

4. 掌握在网页中使用字幕的方法，能够插入字幕并进行有关参数的设置。

5. 掌握在网页中使用表格的方法，能够创建基本表格，设置表格、行和单元格的属性。

6. 掌握超链接的使用方法，了解超链接的几种类型，能够创建文件链接、锚点链接和邮件链接。

2.1　HTML 基础

HTML 是用来表示 Web 文档的规范，它使用标记来确定网页显示的格式。静态网页是标准的 HTML 文件，动态网页经过应用程序服务器的处理后也将生成标准的 HTML 文件。

2.1.1　HTML 工作原理

HTML 是一种规范，用于 Web 文档的格式化语言。HTML 通过标记(Tag)来标记要显示的网页中的各个部分，以告诉 Web 浏览器应该如何显示网页，即确定网页内容的格式。浏览器按照顺序阅读 HTML 文件，然后根据 HTML 标记来解释和显示各种内容，这个过程为语法分析。例如，如果为某段文字添加了<H2></H2>标记，浏览器将会以比一般文字大的粗体字来显示这段文字。

2.1.2　HTML 标记基础

HTML 语言是控制网页内容显示格式的标记集合，标记给浏览器提供了格式化 Web 文档的指令。

1. 基本的 HTML 语法

在 HTML 语言中，所有的标记都必须用尖括号(即小于号"<"和大于号">")括起来。例如，<HTML>、<HEAD>、<BODY>等。大部分标记都是成对出现的，包括开始标记和

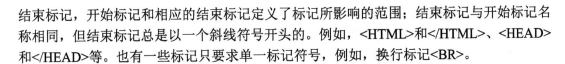

结束标记，开始标记和相应的结束标记定义了标记所影响的范围；结束标记与开始标记名称相同，但结束标记总是以一个斜线符号开头的。例如，<HTML>和</HTML>、<HEAD>和</HEAD>等。也有一些标记只要求单一标记符号，例如，换行标记
。

2. 标记符的属性

大多数标记都拥有一个属性集，通过这些属性可以对作用的内容进行更多的控制。在HTML 语言中，所有属性都放置在开始标记的尖括号内。

例如，使用<HR>标记表示一根水平线，使用 size 属性来设置水平线的粗细，使用 width属性来设置水平线的长度，使用 color 属性来设置水平线的颜色。请看下面的 HTML 代码：

```
<hr color="blue" align="left" width="80%" size="6">
```

HTML 标记的一般格式：

```
<标记 属性="值" 属性="值" …>要呈现的内容</标记>
<标记 属性="值" 属性="值" … />
```

例如：

```
<font face="华文行楷" size="2" color="#FF0000">ASP 动态网页设计</font>
<input type="submit" name="btn_Submit" value="提交" />
```

2.1.3　HTML 文档的基本结构

一个基本的 HTML 文档通常包含以下三对顶级标记。

1. HTML 标记<HTML>...</HTML>

HTML 标记是全部文档内容的容器，<HTML>是开始标记，</HTML>是结束标记，它们分别是网页的第一个标记和最后一个标记，其他所有 HTML 代码都位于这两个标记之间。HTML 标记告诉浏览器或其他程序：这是一个 Web 文档，应该按照 HTML 语言规则对文内的标记进行解释。<HTML>...</HTML>标记是可选的，但最好不要省略这两个标记，以保持 Web 文档结构的完整性。

2. 首部标记<HEAD>...</HEAD>

首部标记用于提供与 Web 页有关的各种信息。在首部标记中，可以使用<TITLE>和</TITLE>标记来指定网页的标题，使用<STYLE>和</STYLE>标记来定义 CSS 样式表，使用<SCRIPT>和</SCRIPT>标记来插入脚本等。

3. 正文标记<BODY>...</BODY>

正文标记包含了文档的内容、文字、图像、动画、超链接以及其他 HTML 元素均位于该标记中。正文标记有下列属性。

(1) background：指定文档背景图像的 URL 地址，图像平铺在网页背景上。

(2) bgcolor：指定文档的背景颜色。

(3) text：指定文档中文本的颜色。

(4) link：指定文档中链接的颜色。

(5) vlink：指定文档中已被访问过的链接的颜色。

(6) alink：指定文档中正被选中的链接的颜色。

(7) onload：指定文档首次加载时调用的事件处理程序。

(8) onunload：用于指定文档卸载时调用的事件处理程序。

在上述属性中，各个颜色属性的值有两种表示方法：使用颜色名称来指定，例如红色、绿色和蓝色分别用 red、green 和 blue 表示；使用十六进制格式数值#RRGGBB 来表示，RR、GG 和 BB 分别表示颜色中的红、绿、蓝三基色的两位十六进制数据。

4. HTML 文档的基本结构代码

HTML 文档的基本结构可以表示如下：

```
<HTML>
<HEAD>
<TITLE>标题文字</TITLE>
</HEAD>
<BODY>
文本、图像、动画、HTML 指令等
</BODY>
</HTML>
```

2.1.4　XHTML 代码规范介绍

XHTML——可扩展的超文本标记语言。XHTML 主要规则如下。

(1) 所有标记必须使用相应的结束标记进行关闭。

(2) 标记及其属性名称必须使用小写字母。

(3) 标记的属性值必须使用引号括起来。

(4) 标记的所有属性必须具有值。

(5) 强制 XHTML 元素，所有文档都必须文档类型声明<!DOCTYPE>。

2.1.5　创建 HTML 网页

创建 HTML 网页步骤如下。

(1) 在 Dreamweaver 中创建 HTML 网页，从【文件】菜单中选择【新建】命令或者在文档工具栏上单击【新建】按钮。

(2) 在网页中添加内容。

(3) 保存网页。

2.1.6　添加注释

在 HTML 语言中，注释由开始标记<!--和结束标记-->构成。这两个标记之间的文字被浏览器解释为注释，而不在浏览器窗口中显示。

HTML 代码的注释：<!-- 注释内容 -->

2.2　设置文本格式

2.2.1　分段、换行、水平线标记

1. 分段标记<P>

分段标记定义了一个段落，使用该标记时要跳过一个空行，使后续内容隔一行显示。分段标记的常用属性是 ALIGN，用于设置段落的水平对齐方式。ALIGN 属性可以应用于多种标记，例如分段标记<P>...</P>、标题标记<Hn>...</Hn>以及水平线标记<HR>等。

ALIGN 属性的取值可以是：left(左对齐)、center(居中对齐)、right(右对齐)以及 justify(两边对齐)。两边对齐是指将一行中的文本在排满的情况下向左右两页边对齐，以避免在左右页边出现锯齿。

对于不同的标记，ALIGN 属性的默认值是有所不同的。对于分段标记和各个标题标记，ALIGN 属性的默认值为 left；对于水平线标记<HR>，ALIGN 属性的默认值为 center。

- 【DW 界面操作】：Enter

**2. 换行标记
**

标记强行规定了当前行的中断，使后续内容在下一行显示。

- 【DW 界面操作】：shift+enter

【例 2-1】　创建一个 HTML 网页，用于演示分段标记和换行标记。

操作步骤：创建主目录 chapter2 并新建网页，保存为 2-01.htm 或 2-01.html。代码和网页效果如图 2.1 和图 2.2 所示。

图 2.1　【例 2-1】代码　　　　　图 2.2　【例 2-1】效果

3. 标题标记<Hn>

标题标记用于设置文档中的标题和副标题，其中 n 的取值是 1～6。

● 【DW 界面操作】：【文本】→【h1,h2,h3】

【例 2-2】 演示：标题标记<Hn>的用法。

操作步骤：在主目录 chapter2 里新建网页，保存为 2-02.htm 或 2-02.html。代码和网页效果如图 2.3 和图 2.4 所示。

```
<HTML>
<HEAD>
<TITLE>标题标记的用法</TITLE>
</HEAD>
<BODY>
<H1>这是一级标题。</H1>
<H2>这是二级标题。</H2>
<H3>这是三级标题。</H3>
<H4>这是四级标题。</H4>
<H5>这是五级标题。</H5>
<H6>这是六级标题。</H6>
<P>这是普通文字。</P>
</BODY>
</HTML>
```

图 2.3 【例 2-2】代码

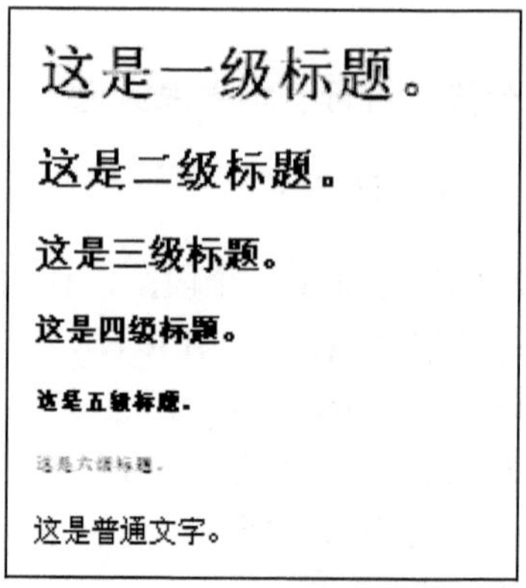

这是一级标题。

这是二级标题。

这是三级标题。

这是四级标题。

这是五级标题.

这是六级标题.

这是普通文字。

图 2.4 【例 2-2】效果

4. 水平线标记<HR>

<HR>标记在文档中添加水平线，具有以下属性。

(1) align：指定线的对齐方式，取值为 left(左对齐)、center(居中)或 right(右对齐)，默认为 center。

(2) size：指定线的宽度，以像素为单位。

(3) width：指定线的长度，单位像素或百分比。

(4) noshade：若指定该项，则显示无阴影实线。

(5) color：指定线的颜色。(此属性只能代码完成)

● 【DW 界面操作】：【插入】→【HTML】→【水平线】

【例 2-3】 演示：控制水平线的显示效果。

操作步骤：在主目录 chapter2 里新建网页，保存为 2-03.htm 或 2-03.html。网页效果和代码如图 2.5 和图 2.6 所示。

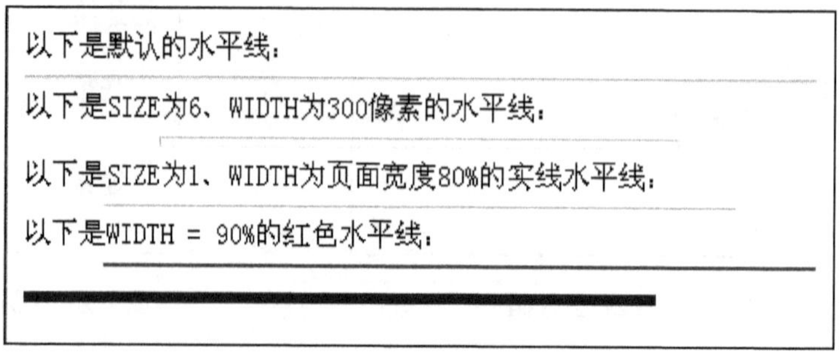

以下是默认的水平线：

以下是SIZE为6、WIDTH为300像素的水平线：

以下是SIZE为1、WIDTH为页面宽度80%的实线水平线：

以下是WIDTH = 90%的红色水平线：

图 2.5 【例 2-3】效果

```
<HTML>
<HEAD>
<TITLE>控制水平线的显示效果</TITLE>
</HEAD>
<BODY>
以下是默认的水平线：
<HR>
以下是SIZE为6、WIDTH为300像素的水平线：
<HR SIZE = "6" WIDTH = "300">
以下是SIZE为1、WIDTH为页面宽度80%的实线水平线：
<HR SIZE = "1" WIDTH = "80%" NOSHADE>
以下是WIDTH = 90%的红色水平线：
<HR WIDTH = "90%" COLOR = "red" align=right>
<hr color="blue" align="left" width="80%" size="6">
</BODY>
</HTML>
```

图 2.6　【例 2-3】代码

2.2.2　设置字符样式

通过设置字符样式可以为某些字符设置特殊格式，例如粗体、斜体、下划线、上标、下标等。

常用的设置字符样式的标记如下：

```
<B>...</B>        粗体
<I>...</I>        斜体
<SUP>...</SUP>    上标
<SUB>...</SUB>    下标
<U>...</U>        下划线
```

● 【DW 界面操作】：【文本】→【B】、【I】等

2.2.3　插入特殊字符

设计网页时，经常要插入一些空格。例如，若要在网页中输入一个无间断空格，可以输入" "。

● 【DW 界面操作】：【文本】→【下拉箭头】，找到相应特殊字符即可

插入空格需前提操作：【编辑】→【首选参数】

2.2.4　设置文本容器

<DIV>标记：<div align="left" | "center" | "right" | "justify">...</div>

<SPAN>标记：<span>...</span>

2.3 使用表格

2.3.1 创建基本表格

若要创建一个基本的表格，可以使用以下 HTML 代码：

```
<TABLE>
<CAPTION>表格标题文字</CAPTION>
<TR>
<TD>标题</TD><TD>标题</TD>…<TD>标题</TD>
</TR>
<TR>
<TD>数据</TD><TD>数据</TD>…<TD>数据</TD>
</TR>
……
<TR>
<TD>数据</TD><TD>数据</TD>…<TD>数据</TD>
</TR>
</TABLE>
```

- 【DW 界面操作】：【插入记录】→【表格】
- 或者：【常用】→【表格】

2.3.2 设置表格的属性

(1) align：指定表格的对齐方式，取值可以是 left(默认值)、center 或 right。

(2) background：指定用作表格背景图片的 URL 地址。

(3) bgcolor：指定表格的背景颜色。

(4) border：指定表格边框的宽度，以像素为单位。如果省略该属性，则默认值为 0。

(5) bordercolor：指定表格边框颜色，应与 BORDER 属性一起使用。

(6) bordercolordark：指定 3D 边框的阴影颜色，应与 BORDER 属性一起使用。

(7) bordercolorlight：指定 3D 边框的高亮显示颜色，应与 BORDER 属性一起使用。

(8) cellpadding：指定单元格内数据与单元格边框之间的间距，以像素为单位。

(9) cellspacing：指定单元格之间的间距，以像素为单位。

(10) width：指定表格的宽度，以像素或百分比为单位。

- 【DW 界面操作】：【选择表格】→【属性】

【例 2-4】 演示：设置表格的属性。

操作步骤：在主目录 chapter2 里新建网页，保存为 2-04.htm 或 2-04.html。

网页效果和代码如图 2.7 和图 2.8 所示。

设置表格的属性

第1列标题	第2列标题	第3列标题
与时俱进	与时俱进	与时俱进
开拓创新	开拓创新	开拓创新
明天更美好	明天更美好	明天更美好

图 2.7　【例 2-4】效果

```
<HTML>
<HEAD>
<TITLE>设置表格的属性</TITLE>
</HEAD>
<BODY>
<TABLE ALIGN = "center" BORDER ="1"
BORDERCOLORDARK = "gray"
BORDERCOLORLIGHT = "blue"
CELLPADDING = "3" CELLSPACING ="3" WIDTH = "80%">
<CAPTION>设置表格的属性</CAPTION>
<TR>
<TH>第1列标题</TH>
<TH>第2列标题</TH>
<TH>第3列标题</TH>
</TR>
<TR>
<TD>与时俱进</TD><TD>与时俱进</TD><TD>与时俱进</TD>
</TR>
<TR>
<TD>开拓创新</TD><TD>开拓创新</TD><TD>开拓创新</TD>
</TR>
<TR>
<TD>明天更美好</TD><TD>明天更美好</TD><TD>明天更美好</TD>
</TR>
</TABLE>
</BODY>
</HTML>
```

图 2.8　【例 2-4】代码

2.4　使 用 图 像

在 HTML 语言中，可使用<IMG>标记在网页中插入一个行内图像。<IMG>标记有许多属性，其中最常用的是 SRC 和 ALT 属性，分别用于设置图像的位置和替换文本。

1. SRC 和 ALT 属性

SRC：用于给出图像文件的 URL 地址，图像可以是 JPEG 文件、GIF 文件或 PNG 文件。
ALT：用于设置图像的替换文本，这段文本在浏览器不能显示图像时显示出来，或图像加载时间过长时先显示出来。
● 【DW 界面操作】:【插入记录】→【图像】

2. height 和 width 属性

height：设置图像的高度。
width：设置图像的宽度，所用单位可以是像素或百分数。如果只给出了高度或宽度，

25

则图像将按比例进行缩放。

【例 2-5】 演示：在网页中插入图像及设置相关属性。

操作步骤：在主目录 chapter2 里新建网页，保存为 2-05.htm 或 2-05.html。网页效果和代码如图 2.9 和图 2.10 所示。

图 2.9 【例 2-5】效果

```
<html>

<head>
<meta http-equiv="Content-Language" content="zh-cn">
<meta http-equiv="Content-Type" content="text/html; charset=gb2312">
<title>美丽的鸟巢</title>
</head>

<body>

<p>美丽的鸟巢</p>
<hr>
<p><img border="0" src="bird.bmp" width="200" height="150" alt="鸟巢"></p>

</body>

</html>
```

图 2.10 【例 2-5】代码

2.5 创建滚动字幕

插入字幕——<MARQUEE>标记，语法如下：

< marquee>滚动显示的文本信息</ marquee>

主要属性有如下所述。

(1) align：指定字幕与周围文本的对齐方式，其取值可以是 top、middle 或 bottom。

(2) behavior：指定文本动画的类型，其取值可以是 scroll、slide 或 alternate。

(3) bgcolor：指定字幕的背景颜色。

(4) direction：指定文本的移动方向，其取值可以是 down、left、right 或 up。

(5) loop：指定字幕的滚动次数。

(6) height：指定字幕的高度，以像素或百分比为单位。

(7) scrollamount：整数，指定字幕文本每次移动的距离，以像素为单位。

(8) scrolldealy：整数，指定与前段字幕文本延迟多少 ms 后重新开始移动文本。

注意：创建滚动字幕只能用代码实现。

【例 2-6】　演示：在网页中插入滚动字幕。

操作步骤：在主目录 chapter2 里新建网页，保存为 2-06.htm 或 2-06.html。

网页效果和代码如图 2.11 和图 2.12 所示。

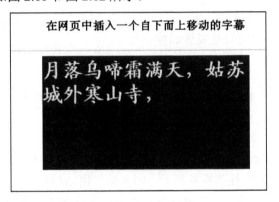

图 2.11　【例 2-6】效果

```
<HTML>
<HEAD>
<TITLE>字幕演示网页</TITLE>
</HEAD>
<BODY>
<CENTER>
<H3>在网页中插入一个自下而上移动的字幕</H3>
<HR>
<MARQUEE BGCOLOR = "blue" DIRECTION = "up"
SCROLLAMOUNT = "6" SCROLLDELAY="50" WIDTH = "336" HEIGHT = "180">
<FONT FACE = "楷体_GB2312" SIZE = "6" COLOR = "yellow">
<B>月落乌啼霜满天，姑苏城外寒山寺，</b></font>
<BR>江枫渔火对愁眠。<BR><BR>夜半钟声到客船。</marquee>
</CENTER>
</BODY>
</HTML>
```

图 2.12　【例 2-6】代码

2.6 使用超链接

2.6.1 超链接基础

1. 理解超链接

(1) 超链接是由源端点到目标端点的一种跳转。

(2) 源端点可以是网页中的一段文本或一幅图像等。目标端点可以是任意类型的网络资源，例如一个网页、一幅图像、一首歌曲或一个程序等。

(3) 按照目标端点的不同，可以将超链接分为以下三种形式。

① 文件链接：这种链接的目标端点是一个文件，它可以位于当前网页所在的服务器，也可以位于其他服务器。

② 锚点链接：这种链接的目标端点是网页中的一个位置，通过这种链接可以从当前网页跳转到本页面或其他页面中的指定位置。

③ E-mail 链接：通过这种链接可以启动电子邮件客户端程序(如 Outlook 或 FoxMail 等)，并允许访问者向指定的地址发送邮件。

2. 理解路径

(1) 路径是指从站点根文件夹或当前文件夹起到目标文件所经过的路线，可以使用路径来指定超链接中目标端点的位置。

(2) 路径有以下三种类型。

① 绝对路径：也称为绝对 URL，它给出目标文件的完整 URL 地址，包括传输协议在内。如果要链接的文件位于外部服务器上，则必须使用绝对路径。

② 相对路径：是指以当前文档所在位置为起点到目标文档所经过的路径。此时可以省去当前文档与目标文档完整 URL 中的相同部分，只留下不同部分。

③ 根相对路径：是指从站点根目录到被链接文件的路径。

2.6.2 创建文件链接

使用 A 标记来创建超链接，基本语法格式如下：

```
<A HREF = "字符串" TARGET = "字符串" TITLE = "字符串">文本</A>
```

(1) HREF：该属性是必选项，用于指定目标端点的 URL 地址，可以包含一个或多个参数。

例如：

```
<a href="http://www.sina.com.cn">指向 Sina 的超级链接</a>
```

例如：

```
<a href="01.htm">普通超级链接</a>
```

(2) TARGET：该属性是可选项。

① 如果省略该属性，则目标文档将取代包含该超链接的文档。TARGET 属性的取值可以是窗口或框架的名称，目标文档将在该窗口或框架中打开。

② 取值"_blank"：指定将链接的目标文件加载到未命名的新浏览器窗口中。

③ 取值"_parent"：指定将链接的目标文件加载到包含链接的父框架页或窗口中。

④ 取值"_self"：指定将链接的目标文件加载到链接所在的同一框架或窗口中。

⑤ 取值"_top"：指定将链接的目标文件加载到整个浏览器窗口中，并由此删除所有框架。

(3) TITLE：该属性可选，用于指定指向超链接时显示的标题文字。

● 【DW 界面操作】：【选择待超链接的文字】→【属性设置】

【例 2-7】 演示：创建文件超链接及设置相关属性示例。

操作步骤：在主目录 chapter2 里新建网页，保存为 2-07.htm 或 2-07.html。

代码和网页效果如图 2.13 和图 2.14 所示。

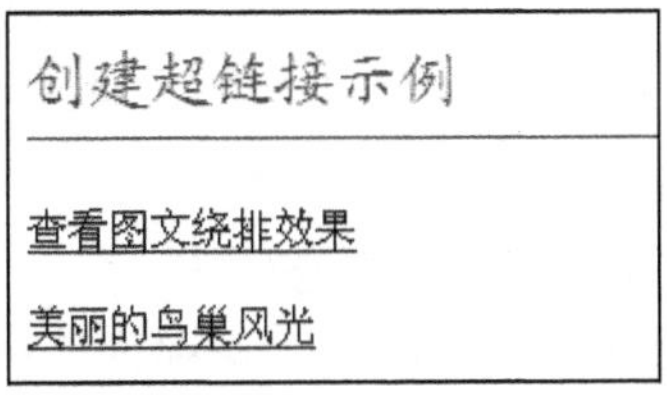

创建超链接示例

查看图文绕排效果

美丽的鸟巢风光

图 2.13 【例 2-7】效果

```
<HTML>
<HEAD>
<TITLE>创建超链接示例</TITLE>
</HEAD>
<BODY>
<FONT FACE = "楷体_GB2312" SIZE = "5" COLOR = "red">
创建超链接示例</FONT><BR>
<HR SIZE = "1" COLOR="red">
<P><A HREF = "超链接.htm" target= "_blank"  TITLE="打开示例网页">
查看图文绕排效果</A></P>
<P><a TITLE="打开一个风景照片" href="images/birdnet.bmp">美丽的鸟巢风光</a></P>
```

图 2.14 【例 2-7】代码

(4) STYLE：该属性设置超链接的样式。

去掉超链接的下划线：

```
style="text-decoration: none"
```

2.6.3 创建锚点链接

(1) 创建锚点链接时，要在页面的某处设置一个位置标记(即锚点)，并给该位置指定一个名称，以便在同一页面或其他页面中引用。

(2) 通过创建锚点链接，可以使超链接指向当前页面或其他页面中的指定位置。

步骤一：若要创建锚点链接，首先在页面中为需要跳转的位置命名，即在该位置上放置一个<A>标记并通过 NAME 属性为该位置指定一个名称 top。

```
<A NAME = "top"></A>
```

注：【DW 界面操作】：【插入记录】→【命名锚记】

步骤二：创建锚点后，可以使用<A>标记来创建指向该锚点的超链接。

例如，要在同一个页面中跳转到名为"top"的锚点处，可以使用以下 HTML 代码：

```
<A HREF = "#top">返回顶部</A>
```

若要在其他页面中跳转到该锚点，则使用以下 HTML 代码：

```
<A HREF = "test.htm#top">跳转到 test.htm 页的顶部</A>
```

注：【DW 界面操作】：【属性设置】→【链接】→【#锚点名称】

2.6.4　创建邮件链接

若要创建邮件链接，则使用以下 HTML 代码：

```
<a href="mailto:aaa@163.com">给我写信</a>，其中 aaa@163.com 为要链接的电子邮件
地址。
```

【例 2-8】　演示：创建锚点链接及邮件链接示例。

操作步骤：在主目录 chapter2 里新建网页，保存为 2-08.htm 或 2-08.html。

代码和网页效果如图 2.15 和图 2.16 所示。

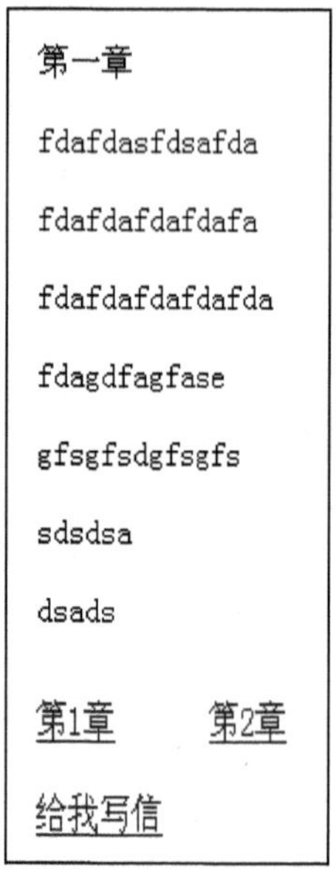

图 2.15　【例 2-8】效果

```
<body>

<p><a name="1">第一章</a></p>
<p>fdafdasfdsafda</p>
<p>fdafdafdafdafa</p>
<p>fdafdafdafdafda</p>
<p>fdagdfagfase</p>
<p>gfsgfsdgfsgfs</p>
<p>sdsdsa　</p>
<p>dsads　</p>
<p>dsadsa　</p>
<p><a href="#1">第1章</a>    
</a>   
<a href="#4">44444</a>    <a href
<a href="#6">第六章</a></p>
<p><a href="mailto:aaa@163.com">给我写信</a></p>
<p>　</p>
```

图 2.16　【例 2-8】代码

习　　题

1. 简述一个 HTML 文档的基本结构。
2. 一个基本的 HTML 文档通常包含_____、_____和_____三对顶级标记。
3. 简述 XHTML 主要规则。
4. 按照目标端点的不同，可以将超链接分为几种形式？
5. 超链接的路径有哪几种类型？

第 3 章　CSS 样式应用

1. 掌握创建和应用 CSS 样式的方法，了解什么是 CSS，能够定义 CSS 规则和使用各种类型的选择符的类型，能够创建、应用和管理 CSS 样式。

2. 掌握设置 CSS 属性的方法，能够使用代码或 DW 设置字体属性、背景属性、区块属性、方框属性、边框属性、列表属性、定位属性和扩展属性。

3.1　创建和应用 CSS 样式

CSS(Cascading Style Sheet)是一种用于控制网页样式的标记性语言，通过 CSS 不仅可以将样式信息与页面内容分离，还可以控制许多仅使用 HTML 无法控制的属性。下面介绍如何创建 CSS 样式并将其应用于页面元素。

3.1.1　CSS 概述

CSS 称为层叠样式表，是一组格式设置规则，可用于控制网页的外观。通过使用 CSS 样式设置页面的格式，可以将页面的内容与表示形式分开。

使用 CSS 可以非常灵活并更好地控制页面的确切外观；使用 CSS 可以控制网页中块级元素的格式和定位。"层叠"表示对同一个页面元素应用多种样式的能力。CSS 的主要优点在于它提供了便利的更新功能。

3.1.2　定义 CSS 规则

```
selector {attribute: value; attribute: value; ...}
```

selector 表示选择符。

属性声明需要使用花括号括起来，声明的内容由一些属性-值(attribute-value)对组成，属性名称与属性值用冒号(:)分隔，不同属性-对用分号(;)分隔。

在 HTML 网页中定义 CSS 规则时，应将规则定义放在<STYLE>与</STYLE>标记之间；如果是在单独的 CSS 文件中定义规则，则不必使用<STYLE>标记。

3.1.3　选择符的类型

定义 CSS 样式时，可以使用各种类别的选择符，主要包括以下几种类型。

1．类型选择符

语法格式为：

```
tagName {attribute: value; attribute: value; ...}
```

2．类选择符

语法格式为：

```
*.className {attribute: value; attribute: value; ...}
tagName.className { attribute: value; attribute: value; ...}
```

3．id 选择符

语法格式为：

```
#className {attribute: value; attribute: value; ...}
tagName#className {attribute: value; attribute: value; ...}
```

4．包含选择符

语法格式为：

```
e1 e2 {attribute: value; attribute: value; ...}
```

5．选择符分组

语法格式为：

```
e1, e2, e3 {attribute: value; attribute: value; ...}
```

6．伪类选择符

语法格式为：

```
a:link { attribute: value; attribute: value; ...}
a:hover { attribute: value; attribute: value; ...}
a:active { attribute: value; attribute: value; ...}
a:visited { attribute: value; attribute: value; ...}
```

3.1.4　创建和管理 CSS 样式

在 Dreamweaver 中用【CSS 样式】面板创建 CSS 规则，可以进行以下操作。
(1) 设置选择符的类型。
(2) 设置 CSS 规则的存储位置。
(3) 在 CSS 规则定义对话框中大多数 CSS 属性进行设置。

在 Dreamweaver 中以使用【CSS 样式】面板对样式表进行管理。

(1) 对 CSS 规则定义进行修改。

(2) 将当前页面链接到外部样式表文件。

(3) 创建新的 CSS 规则。

(4) 删除 CSS 规则。

(5) 对 CSS 规则进行重命名。

在 Dreamweaver 中用【CSS 样式】面板创建 CSS 规则，操作方法为：单击【CSS 样式】面板右下角的【新建 CSS 规则】按钮，如图 3.1 所示。在【新建 CSS 规则】对话框中设置选择符的类型，如图 3.2 所示。

图 3.1 创建 CSS 规则

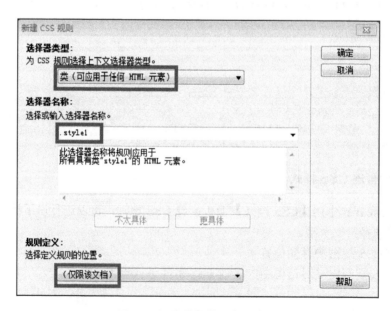

图 3.2 设置选择符和存储位置

设置选择符类型和 CSS 规则存储位置后，单击【确定】按钮，则会弹出【CSS 规则定义】对话框，该对话框由【类型】【背景】【区块】【方框】【边框】【列表】【定位】【扩展】【过渡】等类别组成，可以用来对大多数 CSS 属性进行设置，而不必手工输入 CSS 代码，如图 3.3 所示。

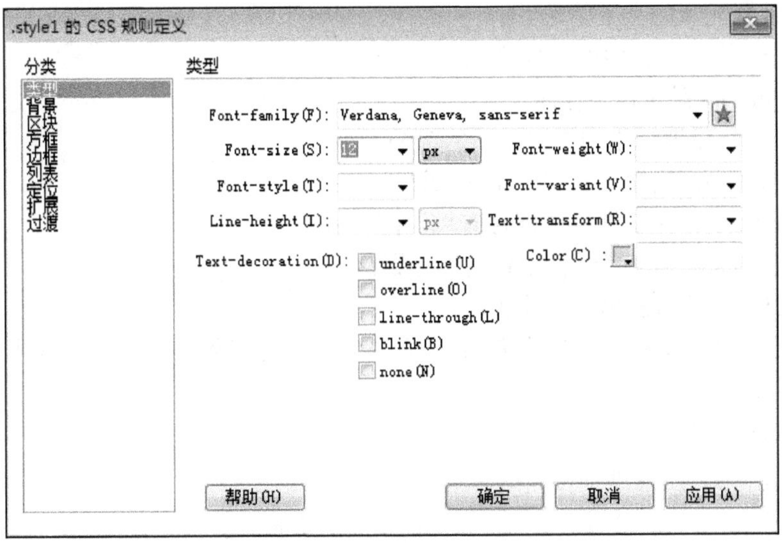

图 3.3　CSS 规则定义对话框

3.1.5　CSS 样式应用

内嵌 CSS 样式表是在一个网页中定义的样式表，只能应用于当前网页内的元素。

外部 CSS 样式表的内容也可以存储在独立的文件中，其文件扩展名为.css。在任何网页中应用外部样式表：

```
<link href="URL" rel="stylesheet" type="text/css" />
```

对页面元素应用 CSS 规则如下。

(1) 以 HTML 标记作为选择符定义 CSS 规则，自动应用于所有通过此标记定义的元素。

(2) 以类选择符定义 CSS 规则，通过设置 class 属性应用于页面元素。

(3) 以 id 选择符定义 CSS 规则，通过设置 id 标识符应用于页面元素。

内嵌 CSS 样式是通过 style 属性在 HTML 标记的特定实例中定义的，可以出现在整个 HTML 文档内。

```
<tagName style="attribue: value; attribue: value; ..."></tagName>
<tagName style="attribue: value; attribue: value; ..." />
```

3.2　设置 CSS 属性

利用 CSS 规则定义对话框或【CSS 样式】面板来设置 CSS 属性。

3.2.1 设置字体属性

font-family：设置元素中文本的字体
font-size：设置元素中的字体大小
color：设置元素的文本颜色
font-style：设置元素中的字体样式
line-height：设置元素的行高
font-weight：设置元素中文本字体的粗细
text-decoration：设置元素中文本的修饰
在 Dreamweaver 中设置字体属性有以下两种方式。
(1) 用 CSS 规则定义对话框中设置字体属性。
(2) 用 CSS 样式面板编辑字体属性。
【例 3-1】 通过 CSS 属性对链接、已访问链接和鼠标悬停其上的链接设置不同的外观，如图 3.4 所示。
对应的 CSS 代码为：

```
<style type="text/css">
<!--
body,td,th {
    font-family: "方正黄草_GBK";
    font-size: 28px;
    color: #990000;
}
a {
    font-family: "微软雅黑";
    font-size: 10.5pt;
    color: #0033CC;
}
a:link {
    text-decoration: none;
}
a:visited {
    text-decoration: none;
    color: #666666;
}
a:hover {
    text-decoration: underline overline;
    color: #FF6600;
}
a:active {
    text-decoration: none;
    color: #FF0000;
}
-->
</style>
```

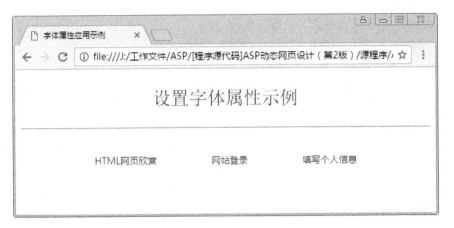

图 3.4　设置字体属性示例

在\<body\>标记中输入下列代码：

```
<body>
<p align="center">设置字体属性示例</p>
<hr size="1" noshade="noshade" color="#0099FF" />
<p align="center"><a href="../chapter02/page2-17.html" target="_blank">
HTML 网页欣赏 </a>   <a href="../chapter02/ page2-18.html"
target="_blank">网站登录</a>   <a href="../chapter02/page2-19.
html" target="_blank">填写个人信息</a></p>
</body>
```

3.2.2　设置背景属性

background-color：设置元素的背景颜色

background-image：设置元素的背景图像

background-repeat：设置元素的背景图像的重复方式

background-attachment：设置背景图像是随元素内容滚动还是固定的

background-position：设置元素的背景图像的位置

在 Dreamweaver 中设置 CSS 背景属性有以下三种方式。

(1) 使用 CSS 规则定义对话框。

(2) 使用【CSS 样式】面板。

(3) 使用【页面属性】对话框。

3.2.3　设置区块属性

word-spacing：设置元素中的单词之间插入的空格数目

letter-spacing：设置元素中的文字之间的间隔

text-align：设置元素中文本的水平对齐方式

vertical-align：设置元素内容的垂直对齐方式

text-indent：设置元素中文本的缩进量

white-space：设置元素内空格的处理方式

display：设置元素是否及如何显示

在 Dreamweaver 中设置区块属性有以下两种方式。

(1) 使用 CSS 规则定义对话框。

(2) 使用【CSS 样式】面板。

【例 3-2】 演示部分 CSS 区块属性的用法，包括单词间距、字母间距、文本首行缩进以及文本对齐方式，效果如图 3.5 所示。

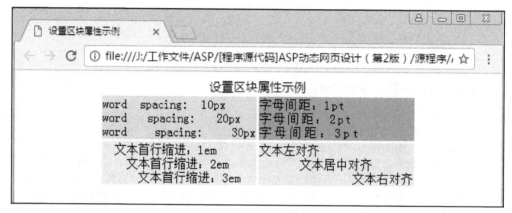

图 3.5　设置区块属性示例

对应的 CSS 代码为：

```
<style type="text/css">
<!--
.ws1 {
    word-spacing: 10px;
}
.ws2 {
    word-spacing: 20px;
}
.ws3 {
    word-spacing: 30px;
}
.ls1 {
    letter-spacing: 1pt;
}
.ls2 {
    letter-spacing: 2pt;
}
.ls3 {
    letter-spacing: 3pt;
}
.ti1 {
    text-indent: 1em;
```

```
}
.ti2 {
    text-indent: 2em;
}
.ti3 {
    text-indent: 3em;
}
.ta1 {
    text-align: left;
}
.ta2 {
    text-align: center;
}
.ta3 {
    text-align: right;
}
-->
</style>
```

在<body>标记中输入下列代码：

```
<table align="center" cellspacing="3">
<caption style="font-family:'微软雅黑';font-size:12pt;">设置区块属性示例
</caption>
    <tr>
     <td width="50%" bgcolor="#FFCCFF"><div class="ws1">word spacing:
10px</div>
        <div class="ws2">word spacing: 20px</div>
        <div class="ws3">word spacing: 30px</div></td>
     <td width="50%" bgcolor="#00CCFF"><div class="ls1">字母间距: 1pt</div>
        <div class="ls2">字母间距: 2pt</div>
        <div class="ls3">字母间距: 3pt</div></td>
    </tr>
    <tr>
     <td bgcolor="#99FFFF"><div class="ti1">文本首行缩进: 1em</div>
        <div class="ti2">文本首行缩进: 2em</div>
        <div class="ti3">文本首行缩进: 3em</div></td>
     <td bgcolor="#FFEE66"><div class="ta1">文本左对齐</div>
        <div class="ta2">文本居中对齐</div>
     <div class="ta3">文本右对齐</div></td>
    </tr>
</table>
```

3.2.4　设置方框属性

width：设置或检索元素的宽度

height：设置元素的高度

float：设置元素是否以及如何浮动

clear：设置不允许有浮动元素的边

margin-top、margin-right、margin-bottom 和 margin-left：设置或检索元素的上边距、右边距、下边距和左边距

margin：设置元素四周的边距

padding-top、padding-right、padding-bottom 和 padding-left：设置元素的内容与上边框、右边框、下边框和左边框之间的距离

padding：设置或检索元素内容与其四周边框之间的距离

在 Dreamweaver 中设置方框属性有以下两种方式。

(1) 使用 CSS 规则定义对话框。

(2) 使用【CSS 样式】面板。

3.2.5　设置边框属性

border-color：设置元素四周边框的颜色

border-style：设置元素边框的样式

border-top-style、border-right-style、border-bottom-style 和 border-left-style：设置元素上边框、右边框、下边框和左边框的样式

border-width：设置元素边框的宽度

border-top-width、border-right-width、border-bottom-width 和 border-left-width：设置元素上边框、右边框、下边框和左边框的宽度

border：设置元素四周边框的宽度、样式和颜色

border-top、border-right、border-bottom 和 border-left：设置元素上边框、右边框、下边框以及左边框的宽度、样式和颜色

在 Dreamweaver 中设置边框属性有以下两种方式。

(1) 使用 CSS 规则定义对话框。

(2) 使用【CSS 样式】面板。

3.2.6　设置列表属性

list-style-type：设置列表项所使用的预设标记

list-style-image：设置列表项标记的图像

list-style-position：设置列表项标记如何根据文本排列

list-style：设置列表项目的相关样式

在 Dreamweaver 中设置列表属性有以下两种方式。

(1) 使用 CSS 规则定义对话框。

(2) 使用【CSS 样式】面板。

【例 3-3】　演示如何设置 CSS 列表属性，包括使用各种预设标记以及设置图像作为列表项标记，效果如图 3.6 所示。

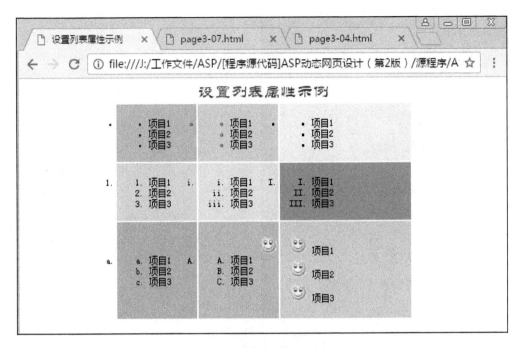

图 3.6　设置列表属性示例

对应的 CSS 代码为：

```css
<style type="text/css">
<!--
.list1 {
    list-style-type: disc;
}
.list2 {
    list-style-type: circle;
}
.list3 {
    list-style-type: square;
}
.list4 {
    list-style-type: decimal;
}
.list5 {
    list-style-type: lower-roman;
}
.list6 {
    list-style-type: upper-roman;
}
.list7 {
    list-style-type: lower-alpha;
}
.list8 {
    list-style-type: upper-alpha;
```

```
}
.list9 {
    list-style-type: none;
    list-style-position: outside;
    list-style-image: url(../images/smile.gif);
    line-height: 22px;
}
body, td, th {
    font-size: 9pt;
}
ul, ol {
    padding-top: 3px;
    display: list-item;
}
-->
</style>
```

在<body>标记中输入下列代码：

```
<body>
<table width="398" align="center" cellpadding="3">
  <caption style="font-family: '华文隶书'; font-size: 22px; color: #990000;">
  设置列表属性示例
  </caption>
  <tr>
    <td bgcolor="#FF99FF"><ul class="list1">
       <li>项目 1</li>
       <li>项目 2</li>
       <li>项目 3</li>
     </ul></td>
    <td bgcolor="#FFCC33"><ul class="list2">
       <li>项目 1</li>
       <li>项目 2</li>
       <li>项目 3</li>
     </ul></td>
    <td bgcolor="#FFFF00"><ul class="list3">
       <li>项目 1</li>
       <li>项目 2</li>
       <li>项目 3</li>
     </ul></td>
  </tr>
  <tr>
    <td bgcolor="#66FF66"><ol class="list4">
       <li>项目 1</li>
       <li>项目 2</li>
```

```
      <li>项目 3</li>
    </ol></td>
    <td bgcolor="#66FFFF"><ol class="list5">
      <li>项目 1</li>
      <li>项目 2</li>
      <li>项目 3</li>
    </ol></td>
    <td bgcolor="#3399FF"><ol class="list6">
      <li>项目 1</li>
      <li>项目 2</li>
      <li>项目 3</li>
    </ol></td>
  </tr>
  <tr>
    <td bgcolor="#CC99FF"><ol class="list7">
      <li>项目 1</li>
      <li>项目 2</li>
      <li>项目 3</li>
    </ol></td>
    <td bgcolor="#99CC33"><ol class="list8">
      <li>项目 1</li>
      <li>项目 2</li>
      <li>项目 3</li>
    </ol></td>
    <td bgcolor="#BCCCDF"><ol class="list9">
      <li>项目 1</li>
      <li>项目 2</li>
      <li>项目 3</li>
    </ol></td>
  </tr>
</table>
</body>
```

习　　题

1. CSS 规则是如何定义的？
2. 在 Dreamweaver 中设置边框属性有哪两种方式？

第 4 章　VBScript 脚本编程

📖 **教学内容**

1. 理解什么是 VBScript，掌握在 HTML 页面中添加 VBScript 代码的方法。
2. 理解 VBScript 中的数据类型，掌握 VBScript 常量、变量和运算符的使用方法。
3. 掌握基本输入输出的方法，能够使用基本语句、MsgBox 函数和 InputBox 函数。
4. 掌握条件语句 If...Then...Else 和 Select Case 语句的使用方法。
5. 掌握循环语句 Do...Loop、While...Wend、For...Next 以及 For Each...Next 的使用方法。
6. 掌握过程的使用方法，能够定义并调用 Sub 过程和 Function 过程，掌握常用内部函数的使用方法；理解 HTML 事件，能够编写代码来响应这些事件。
7. 了解文档对象模型的概念，理解并能使用 Window 对象、Document 对象以及其他文档对象。

4.1　VBScript 语言概述

4.1.1　VBScript 脚本语言

VBScript 是程序开发语言 Visual Basic 家族的最新成员，可以将灵活的脚本应用于更广泛的领域，包括 Microsoft Internet Explorer 中的 Web 客户端脚本和 Microsoft Internet Information Server 中的 Web 服务器端脚本。

VBScript 脚本语言有以下主要特点。

(1) 易学易用。如果已经了解 Visual Basic 或 Visual Basic for Applications，就会很快熟悉 VBScript。

(2) 脚本。VBScript 所用的脚本编写引擎是 vbscript.dll，该引擎能够识别 VBScript 代码；脚本编写宿主是使用脚本编写引擎的应用程序，Internet Explorer 就是宿主应用程序的一个例子，它通过引擎来运行脚本。

(3) 其他应用程序和浏览器中的 VBScript，开发者可以在其产品中免费使用 VBScript 来实现程序开发。

4.1.2　在静态网页中嵌入 VBScript

通常将 VBScript 脚本代码放在 HEAD 部分中，以使所有脚本代码集中放置，这样能确保在 BODY 部分调用代码之前读取并解码所有脚本代码。在 HTML 页面中添加 VBScript 脚本代码时，应以<SCRIPT>标记开始，而以</SCRIPT>标记结束，基本语法格式为：

```
<SCRIPT LANGUAGE = "脚本语言名称"
[EVENT = "事件名称"][FOR = "对象名称"]>
<!--
脚本代码
-->
</SCRIPT>
```

<SCRIPT>标记具有以下三个属性。

(1) LANGUAGE：指定脚本代码所使用的脚本语言。对于 Internet Explorer 浏览器，该属性的取值可以是"VBScript"或"JScript"，前者也可以简写为"VBS"。

(2) EVENT：指定与脚本代码相关联的事件。

(3) FOR：指定与事件相关联的对象。

注意：

(1) <SCRIPT>标记通常放在 HEAD 中。

(2) 同一文档中，可包含不同脚本语言编写的多个 SCRIPT 元素。

4.1.3　VBScript 与 DHTML

DHTML(Dynamic HTML)即动态 HTML。DHTML 是 HTML、CSS 和客户端脚本的集成应用，而不是一种新的语言。

DHTML 建立在原有技术的基础之上，这些技术包括以下几种。

(1) HTML(XHTML)。

(2) CSS。

(3) 客户端脚本(如 VBScript 或 JavaScript)。

(4) 浏览器对象模型(BOM，Brower Object Model)。

DHTML 中，网页中的每个元素都是拥有属性、方法和事件的对象，称为文档对象，例如 div、table、form、input 等。

客户端脚本编程中常用的属性如下。

(1) ID：设置元素的唯一标识。客户端脚本引用该元素：

```
document.getelementbyid("id名称")
```

(2) Name：设置表单控件的名称。客户端脚本引用该元素：

```
document.getelementbyid("id名称")
document.formname.elemengname
```

(3) Style：设置或获取控件的 CSS 属性。

(4) Value：设置或获取表单域当前状态的值。

(5) InnerHTML：设置或获取位于元素的开始标记和结束标记之间包含的内容，实现在页面上显示动态内容。

(6) Checked：获取或设置单选按钮和复选框控件的状态。

(7) Focus 方法：将焦点设置到指定的表单控件上。

4.2　VBScript 基本元素

4.2.1　数据类型

在 VBScript 语言中只有一种数据类型，即 Variant，这种数据类型可以包含不同类别的信息，它也是 VBScript 中所有函数的返回值的数据类型。Variant 包含的数值信息类型称为子类型，包括以下几种。

Empty：未初始化的 Variant

Null：不包含任何有效数据的 Variant

Boolean：包含 True 或 False

Byte：包含 0 到 255 之间的整数

Integer：包含-32 768 到 32 767 之间的整数

Currency：-922 337 203 685 477.580 8 到 922 337 203 685 477.580 7

Long：包含-2 147 483 648 到 2 147 483 647 之间的整数

Single：包含单精度浮点数

Double：包含双精度浮点数

Date(Time)：包含表示日期的数字

String：包含变长字符串，最大长度可为 20 亿个字符

Object：包含对象

Error：包含错误号

4.2.2　VBScript 常量

1．普通常量

普通常量分为字符串常量和数值常量两种。

字符串常量简称字符串，它由一对双引号括起来的字符序列所组成，其中可以包含字母、汉字、数字、空格以及标点符号等，长度不超过 20 亿个字符。例如，"ASP 动态网页设计""Microsoft Explorer 浏览器"。

数值常量分为整型数、长整型数和浮点数。整型数和长整型数都可以用十进制、十六进制和八进制三种形式来表示。浮点数也称为实型数，分为单精度浮点数和双精度浮点数。浮点数可以用小数形式表示，也可以用科学记数法表示。

2．符号常量

符号常量是用一个标识符表示的常量，用于代替数字或字符串，其值从不发生改变。在 VBScript 中，符号常量分为预定义符号常量和用户自定义常量。

VBScript 提供了许多预定义符号常量，在编写脚本代码时无须声明即可直接使用。例如，vbCrLf 表示回车符和换行符的组合，vbGreen 表示绿色的数值。

用户自定义常量通过 Const 语句来创建。使用 Const 语句可以创建具有一定含义的字

符串型或数值型常量，并给它们赋一个常量值。

4.2.3　VBScript 变量

1.　声明变量

在 VBScript 中，通常使用 DIM 语句显示声明变量并分配存储空间，语法格式如下：

DIM 变量名[，变量名]

例如，下面的两个语句分别声明了一个变量和四个变量：

DIM UserName

DIM Top，Bottom，Left，Right

此外，也可以通过直接在脚本中使用变量名这种方式隐式声明变量。但这通常不是一个好习惯，因为这样有时会由于变量名被拼错而导致在运行脚本时出现意外的结果。若要强制显示声明所有变量，可以在脚本程序的开头处使用下面的语句：

```
Option Explicit
```

2.　命名规则

每一个变量都必须用一个标识符来作为其名称。变量命名必须遵循 VBScript 的标准命名规则。

变量的命名规则为如下。

(1) 第一个字符必须是字母。

(2) 不能包含嵌入的句点(.)。

(3) 长度不能超过 255 个字符。

(4) 在被声明的作用域内必须唯一。

(5) 不能与 VBScript 的关键词相同。

3.　变量的作用域与存活期

变量的作用域由声明它的位置决定。如果在过程中声明变量，则只有该过程中的代码可以访问或更改变量值，此时变量具有局部作用域并被称为过程级变量。如果在过程之外声明变量，则该变量可以被脚本中所有过程识别，称为脚本级变量，具有脚本级作用域。

变量存在的时间称为存活期。脚本级变量的存活期从被声明的一刻起，直到脚本运行结束。对于过程级变量，其存活期仅是该过程运行的时间，该过程结束后，变量随之消失。在执行过程时，局部变量是理想的临时存储空间。在不同过程中可以使用同名的局部变量，这是因为每个局部变量只被声明它的过程识别。

4.　给变量赋值

在 VBScript 中，可以通过赋值语句指定变量的值，此时变量位于等号的左边，要赋的值位于等号的右边，该值可以是任何数值、字符串、常数或表达式。例如：UserName = "张三丰"

```
BirthDate = #1972-5-28#
WeekWage = 500
```

4.2.4   VBScript 运算符

1. 连接运算符

连接运算符(&)强制两个表达式进行字符串连接，语法格式如下：

```
result = expression1 & expression2
```

其中 result 为任意变量，expression1 和 expression2 都是任意表达式。当任一 expression 不是字符串时，它将被转换为 String 子类型。

2. 比较运算符

比较运算符用于比较表达式，包括以下几种。

(1) <(小于)。

(2) <=(小于或等于)。

(3) >(大于)。

(4) >=(大于或等于)。

(5) =(等于)。

(6) <>(不等于)。

比较表达式的规则或结果：

若两个表达式都是数值，则执行数值比较；若两个表达式都是字符串，则执行字符串比较；若一个表达式是数值而另一个是字符串，则数值表达式小于字符串表达式。

3. 逻辑运算符

(1) And 运算符：对两个表达式进行逻辑"与"运算，语法格式如下：

```
result = expression1 And expression2
```

(2) Or 运算符：对两个表达式进行逻辑"或"运算，语法格式如下：

```
result = expression1 Or expression2
```

4.2.5   基本语句

1. 赋值语句

```
variable=value
```

2. Set 语句：将对象引用赋给变量或属性

```
Set objectvar={objectexpression | New classname | Nothing}
```

3. 注释语句：Rem comment

```
' comment
```

4. 将多个语句写在同一行

```
t=x : x=y : y=t
```

5. 语句可以使用续行符将分成多行，续行符由一个空格和一个下划线符号组成

4.3　VBScript 中事件过程的调用

客户端脚本编程中事件的调用如下所述。

(1) 事件：能被对象识别的动作，由用户来触发。

(2) 事件过程：当触发一个文档对象的某个事件时，该对象能够按照某种方式做出响应，但具体的响应过程需要由程序员编写脚本代码来实现。

(3) 几个重要理解：对象(对应于标记)、事件(对应于过程)、动作(事件怎么发生)、调用(怎么调用事件)。

4.3.1　过程

过程是拥有一个名称并可作为单元来执行的语句序列。包括两种过程：sub(没有返回值)和 function(有返回值)。

Sub 过程是没有返回值的过程，Sub 过程语法格式如下：

```
Sub name [( arglist )]
   [statements]
   [Exit Sub]
   [statements]
End Sub
```

(1) name 指定 Sub 过程的名称，遵循变量命名约定。

(2) arglist 代表在调用时要传递给 Sub 过程的参数的变量列表，用逗号隔开。

(3) Exit Sub 语句立即从 Sub 过程中退出，程序继续执行调用 Sub 过程的语句之后的语句。

(4) statements 在 Sub 过程主体内所执行的任何语句组。

4.3.2　VBScript 中事件过程的调用

HTML 文档中的每个元素都是一个拥有属性、方法和事件的对象，称为文档对象。当触发一个文档对象的某个事件时，该对象能够按照某种方式做出响应，但具体的响应过程需要由程序员编写脚本代码来实现，这种过程称为事件过程。

响应 HTML 事件——基本事件列表：

onLoad：当 Web 浏览器加载窗口或框架集时发生

onUnLoad：当浏览器从窗口卸载一个文档时发生

onClick：当一个元素被鼠标单击时发生

onDbClick：当一个元素被鼠标双击时发生

onMouseDown：当在一个元素上方鼠标被按下时发生

onMouseUp：当在一个元素上方鼠标被释放时发生

onMouseOver：当鼠标指针从一个元素上方经过时发生

onMouseOut：当鼠标指针离开一个元素时发生

onFocus：当一个元素接收到来自鼠标或键盘的焦点时发生

onBlur：当一个元素失去来自鼠标或键盘的焦点时发生

4.3.3 VBScript 中事件过程的调用方式

事件过程的设置或调用方式如下。

(1) 通过控件的属性调用事件处理过程：在<SCRIPT>标记中定义一个通用的 Sub 过程，并通过控件的相关属性(on 前缀的)来调用该过程。

(2) 通过名称调用事件过程：在<SCRIPT>标记内用 Sub 语句来定义事件过程，并且要求过程名称必须由控件名称、下划线"_"以及事件名称组合而成。例如，单击名称为 Button1 的按钮时，会自动调用 Button1_onClick 事件过程。

(3) 通过 FOR/EVNET 属性调用事件过程：设置<SCRIPT>标记的 FOR 属性以指定 HTML 页面中的一个对象，并通过 EVENT 属性指定该对象的一个事件。

(4) 在标记中直接编写脚本语句：若事件过程比较简单，则可以在定义元素的标记中直接编写脚本语句。若包含多条语句，用冒号(:)分开各个语句。

【例 4-1】 演示：创建一个 HTML 网页，允许用户通过单击按钮来显示或清除文字信息，效果如图 4.1 和图 4.2 所示，代码如图 4.3 所示。

【步骤】

(1) 先使用 DW 设计窗口制作静态页面部分。

(2) 切换到 DW 代码窗口输入脚本代码。

(3) 保存网页进行测试。

图 4.1 初始静态效果

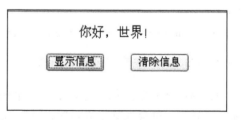

图 4.2 显示信息

【代码】

```
<!DOCTYPE html PUBLIC "-//W3C//DTD XHTML 1.0 Transitional//EN" "http://www.w3.org/TR/xhtml
<html xmlns="http://www.w3.org/1999/xhtml">
<head>
<meta http-equiv="Content-Type" content="text/html; charset=gb2312" />
<title>事件处理程序示例</title>
<script type="text/vbscript" language="vbscript">
  Sub xianshi()
    set p2=document.getElementById("p1")
    p2.innerHtml="你好，世界！"
  End Sub
  Sub qingchu()
    set p2=document.getElementById("p1")
    p2.innerHtml=""
  End Sub
</script>
</head>
<body>
<div align="center">
  <p id="p1"> </p>
  <input name="button1" type="button" id="button1" value="显示信息" onclick="xianshi()"/>
  
<input name="aaa" type="button" id="aaa" value="清除信息" onclick="qingchu()" />

</div>
</body>
</html>
```

图 4.3　程序代码

4.4　条 件 语 句

If...Then...Else 语句简称 If 语句，用于计算条件是否为 True 或 False，并且根据计算结果指定要执行的语句。If...Then...Else 语句有两种形式：单行形式和块形式。

1. If 语句的单行形式

对于 If 语句的单行形式，可以将其语法格式表示如下：

```
If condition Then statements [Else elsestatements ] end if
```

其中 condition 是一个数值或字符串表达式，其运算结果是 True 或 False，如果 condition 为 Null，则 condition 被视为 False；statements 和 elsestatements 是一条语句或以冒号分开的多条语句。

当未用 Else 子句时，如果 condition 为 True，则执行 statements，否则执行下一条语句；当使用 Else 子句时，如果 condition 为 True，则执行 statements，否则执行 elsestatements。

2. If 语句的块形式

语法格式表示如下：

```
    If condition Then
    [statements]
```

```
[ElseIf condition-n Then
[elseifstatements]]
      ......
[Else
[elsestatements]]
End If
```

其中 condition、condition-n 的意义同单行形式中的 condition，statements、elseifstatements 和 elsestatements 都是一条语句或以冒号分开的多条语句。

当程序运行到块形式时，将测试 condition。如果 condition 为 True，则执行 Then 之后的语句。如果 condition 为 False，则每个 Else If 部分的条件表达式(如果有的话)会依次计算并加以测试。当找到某个为 True 的条件时，则其相关的 Then 之后的语句会被执行。如果没有任何一个 Else If 语句中的条件是 True 或没有使用 Else If 子句，则将执行 Else 之后的语句。执行 Then 或 Else 之后的语句以后，将继续执行 End If 之后的语句。

【例 4-2】 演示：创建一个 HTML 网页，当未输入用户名而直接单击【确定】按钮时，显示红色的提示信息，并将光标移到文本框中；当输入用户名后单击【确定】时，显示蓝色的欢迎信息，效果如图 4.4 和图 4.5 所示，程序代码如图 4.6 所示。

【步骤】

(1) 先使用 DW 设计窗口制作静态页面部分。

(2) 切换到 DW 代码窗口输入脚本代码。

(3) 保存网页进行测试。

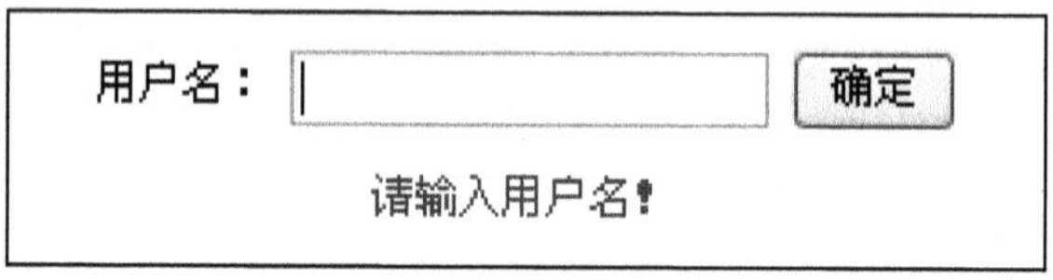

图 4.4　未输入用户名时的情形

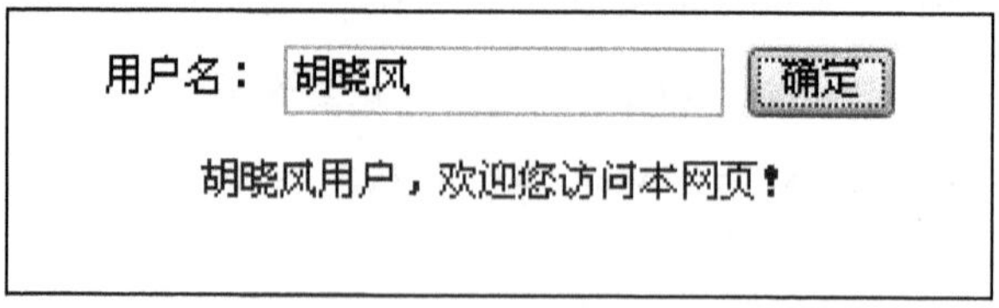

图 4.5　输入用户名时的情形

【代码】

```
<html xmlns="http://www.w3.org/1999/xhtml">
<head>
<meta http-equiv="Content-Type" content="text/html; charset=gb2312" />
<title>If...Else语句应用示例</title>
<style type="text/css">
body, p, input {
    font-size: 9pt;
}
</style>
<script type="text/vbscript" language="vbscript">
  Sub checkUsername()
    Dim Username, p2
    Set Username=document.getElementById("txtUsername")
    Set p2=document.getElementById("p1")
    If Username.value="" Then
      p2.innerHTML="请输入用户名！"
      p2.style.color="red"
      Username.focus
    Else
      p2.innerHTML=Username.value & "用户，欢迎您访问本网页！"
      p2.style.color="blue"
    End If
  End Sub
</script>
</head>

<body>
<p align="center">

<form name="aa">
 用户名：
<input type="text" name="txtUsername" id="txtUsername" />
 <input name="btnOK" type="button" id="btnOK" onclick="checkUsername()" value="确定" />
</form>
</p>
<p align="center" id="p1"></p>
</body>
</html>
```

图 4.6　程序代码

【例 4-3】　演示：创建一个 HTML 网页，允许用户通过单击单选按钮来改变文本的颜色和大小，效果如图 4.7 和图 4.8 所示，程序代码如图 4.9 所示。

颜色选择: ◯ 红色 ◯ 绿色 大小选择： ◯ 18号字 ◯ 28号字
春日[宋]朱熹
胜是寻芳泗水滨，无边光景一时新。
等闲识得东风雨，万紫千红总是春。

图 4.7　选择颜色初始界面

颜色选择: ◉ 红色 ◯ 绿色 大小选择： ◉ 18号字 ◯ 28号字
春日[宋]朱熹
胜是寻芳泗水滨，无边光景一时新。
等闲识得东风雨，万紫千红总是春。

图 4.8　选择红色后的效果

【步骤】

(1) 先使用 DW 设计窗口制作静态页面部分。

(2) 切换到 DW 代码窗口输入脚本代码。

(3) 保存网页进行测试。

【代码】

```
<script language="vbscript">
sub aa()
Dim div1,r1,r2,r3,r4
    Set div2=document.getElementById("div1")
    Set r1=document.getElementById("r1")
    Set r2=document.getElementById("r2")
    Set r3=document.getElementById("r3")
    Set r4=document.getElementById("r4")
if r1.checked then
    div2.style.color=r1.value
end if
if r2.checked then
    div2.style.color=r2.value
end if
if r3.checked then
    div2.style.fontsize=r3.value
end if
if r4.checked then
    div2.style.fontsize=r4.value
end if
end sub
</script>
</head>
<body>
<form id="form1" name="form1" method="post" action="">
    颜色选择：
    <label>
      <input type="radio" name="optcolor" value="red" id="r1" onclick="aa()"/>
      红色</label>
    <label>
      <input type="radio" name="optcolor" value="green" id="r2" onclick="aa()"/>
      绿色</label>

    大小选择：
    <label>
      <input type="radio" name="optsize" value="18pt" id="r3" onclick="aa()"/>
      18号字</label>
    <label>
      <input type="radio" name="optsize" value="28pt" id="r4" onclick="aa()"/>
      28号字</label>
</form>
<div id="div1"><big>春日</big><small>[宋]朱熹</small><br />
胜是寻芳泗水滨，无边光景一时新。<br />
等闲识得东风雨，万紫千红总是春。  </div>
<p> </p>
</body>
</html>
```

图 4.9　程序代码

4.5　循　环　语　句

4.5.1　While...Wend 语句

While...Wend 语句当指定的条件为 True 时执行一系列的语句，语法格式如下：

```
While condition
[statements]
Wend
```

其中 condition 是数值或字符串表达式，其计算结果为 True 或 False。如果 condition 为 Null，则 condition 被当作 False。statements 在条件为 True 时执行的一条或多条语句。

如果 condition 为 True，则 statements 中所有 Wend 语句之前的语句都将被执行，然后控制权返回到 While 语句，并且重新检查 condition。如果 condition 仍为 True，则重复执行上面的过程。如果不为 True，则从 Wend 语句之后的语句处继续执行程序。

While...Wend 循环可以是多层嵌套结构，每个 Wend 与最近的 While 语句对应。

4.5.2　Do...Loop 语句

```
Do [While condition]
  [statements]
  [Exit Do]
  [statements]
Loop
```

在 Do...Loop 语句的语法格式中，condition 是数值或字符串表达式，其值为 True 或 False，如果 condition 为 Null，则 condition 被当作 False。statements 是当 condition 为 True 时被重复执行的一个或多个语句。

While 关键字用于检查 Do...Loop 语句中的条件。只要条件为 True，就会进行循环。一旦条件变成 False，则退出循环。

4.5.3　For...Next 语句

```
For counter = start To end [Step step]
[statements]
[Exit For]
[statements]
Next
```

其中 counter 是用作循环计数器的数值变量，不能是数组元素；start 和 end 分别是 counter 的初值和终值；step 是 counter 的步长，其默认值为 1；statements 是 For 和 Next 之间的一条或多条语句，将被执行指定次数。

step 参数可以是正数或负数。step 参数值决定循环的执行情况：当 step 参数是正数或 0 时，若 counter <= end，则执行循环；当 step 参数是负数时，若 counter >= end，则执行循环。

当循环启动并且所有循环中的语句都执行后，step 值被加到 counter 中。这时，或者循环中的语句再次执行(基于循环开始执行时同样的测试)，或者退出循环并从 Next 语句之后的语句处继续执行。

【例 4-4】 演示：创建一个 HTML 网页，允许用户通过单击按钮来计算前 100 个自然数之和，效果如图 4.10 和图 4.11 所示，程序代码如图 4.12 所示。

【步骤】

(1) 先使用 DW 设计窗口制作静态页面部分。

(2) 切换到 DW 代码窗口输入脚本代码。

(3) 保存网页进行测试。

图 4.10　刚加载时的初始网页

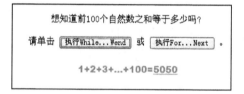

图 4.11　执行后的计算结果

【代码】

```
<head>
<meta http-equiv="Content-Type" content="text/html; charset=gb2312" />
<title>循环语句应用示例</title>
<script language="vbscript">
Sub sum1()
   Dim i, sum
     i=1
     sum=0
     While i<=100
       sum=sum+i
       i=i+1
     Wend
     set p2=document.getElementById("span1")
     p2.innerHtml="<u>" & sum & "</u>"
End Sub

Sub button2_onclick()
 Dim i, sum
   sum=0
     For i=1 To 100
        sum=sum+i
     Next
set p2=document.getElementById("span1")
     p2.innerHtml="<em>" & sum & "</em>"
End Sub
</script>
</head>
<body>
<p align="center" style="line-height: 2.5em;">想知道前100个自然数之和等于多少吗? <br />
   请单击
    <input name="button1" type="button" id="button1" onclick="sum1()" values="执行While...Wend" />
    或
    <input name="button2" type="button" id="button2" value="执行For...Next" />
    。
</p>
<p align="center" style="font-family: 'Arial Black'; font-size: 16px; color: #FF6600;">1+2+3+…+100=<span id="span1">?</span></p>
</body>
```

图 4.12　程序代码

4.5.4 For Each...Next 循环

```
For Each element In group
[statements]
[Exit For]
[statements]
Next [element]
```

其中 element 用来枚举集合或数组中所有元素的变量，group 是对象集合或数组的名称，statements 是对于 group 中的每一项执行的一条或多条语句。如果 group 中有至少一个元素，就会进入 For Each 执行。一旦进入循环，便首先对 group 中第一个元素执行循环中的所有语句。只要 group 中还有其他元素，就会对每个元素执行循环中的语句。当 group 中没有其他元素时退出循环，然后从 Next 语句之后的语句处继续执行。

【例 4-5】 演示：创建一个 HTML 网页，当未进行选择而直接单击"确定"按钮时，显示蓝色的提示信息；当进行了选择自己的个人爱好后单击"确定"按钮时，显示自己选择的爱好信息，效果如图 4.13 和图 4.14 所示，程序代码如图 4.15 所示。

【步骤】

(1) 先使用 DW 设计窗口制作静态页面部分。

(2) 切换到 DW 代码窗口输入脚本代码。

(3) 保存网页进行测试。

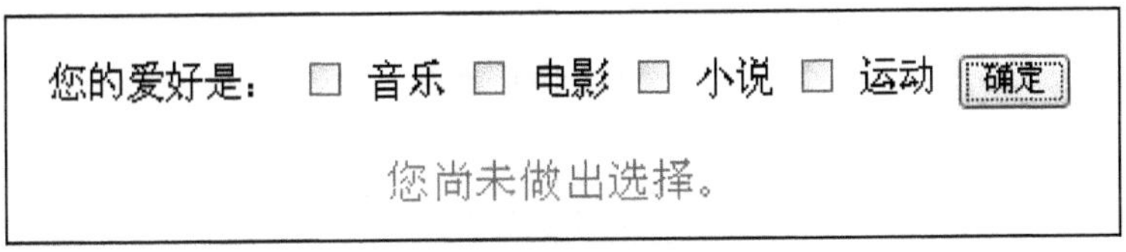

您的爱好是： □ 音乐 □ 电影 □ 小说 □ 运动 [确定]

您尚未做出选择。

图 4.13　未选择时的初始界面

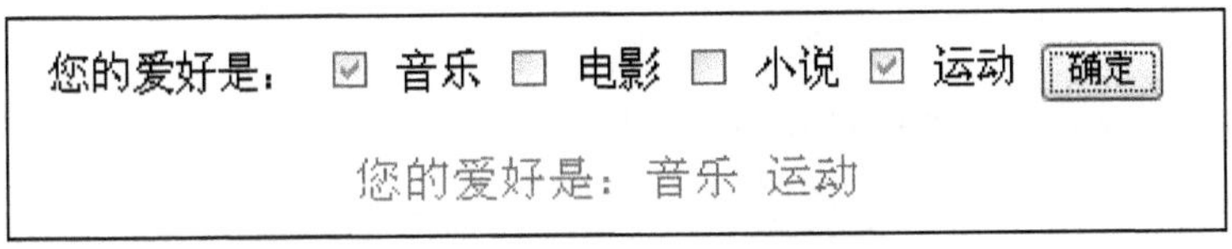

您的爱好是： ☑ 音乐 □ 电影 □ 小说 ☑ 运动 [确定]

您的爱好是：音乐 运动

图 4.14　执行后的选择结果

【代码】

```
<script type="text/vbscript" language="vbscript">
  Sub showResult()
    Dim s, p1
    Set p2=document.getElementById("p1")
    For Each e in document.form1.elements
      If e.checked Then
        s=s & e.value & " "
      End If
    Next
    If Trim(s)="" Then
      p2.innerHtml="您尚未做出选择。"
      Exit Sub
    End If
    p2.innerHtml="您的爱好是： " & s
  End Sub
</script>
</head>

<body>
<form name="form1" id="form1">
  <p align="center">您的爱好是：
    <label for="chk1">
    <input type="checkbox" name="chkHobby" id="chk1" value="音乐" />
    音乐</label>
    <label for="chk2">
    <input type="checkbox" name="chkHobby" id="chk2" value="电影" />
    电影</label>
    <label for="chk3">
    <input type="checkbox" name="chkHobby" id="chk3" value="小说" />
    小说</label>
    <label for="chk4">
    <input type="checkbox" name="chkHobby" id="chk4" value="运动" />
    运动</label>
    <input name="btnOK" type="button" id="btnOK" onclick="showResult()" value="确定" />
  </p>
</form>
<p align="center" id="p1" style="font-family: '方正硬笔行书简体'; font-size: 18px; color: #0066FF;"> </p>
</body>
```

图 4.15 程序代码

4.6 常用内部函数

VBScript 语言提供了大量的内置函数，可以在脚本代码中直接使用这些函数，以完成许多常见任务。

VBScript 内部函数大体上可以分为以下几种。

(1) 数学函数。

(2) 格式转换函数。

(3) 字符串函数。

(4) 日期时间函数。

(5) 检查数据函数。

(6) 其他函数。

习　题

1. VBScript 脚本语言有哪些主要特点？
2. VBScript 语言常用内部函数大体可分为哪几种形式？
3. VBScript 中事件过程的调用有哪几种方式？

第 5 章　ASP 内置对象应用

📖 **教学目标**

1. 掌握在 ASP 页面中添加服务器端脚本的方法，了解 ASP 内置对象和如何包含服务器端文件。

2. 掌握 Response 对象的使用方法，理解该对象的常用属性和方法，能够通过该对象向客户端输出数据、设置页面输出缓冲、清除或输出缓冲区内容、停止向客户端输出数据、控制页面缓冲特性、重定向网址、确认客户端与服务器相连以及设置客户端的 Cookies 信息。

3. 掌握 Request 对象的使用方法，理解该对象的常用属性和方法，能够通过该对象检索查询字符串、表单数据、Cookies 信息以及服务器端环境变量和 HTTP 标头信息。

4. 掌握 Server 对象的使用方法，理解该对象的常用属性和方法，能够通过该对象执行指定的 ASP 文件、将控制权转移到其他 ASP 文件、创建服务器组件实例、将相对或虚拟路径映射为物理目录、进行字符串编码处理以及设置脚本的最长执行时间。

5. 掌握 Session 对象的使用方法，理解该对象的常用属性和方法，能够通过该对象保存会话信息、识别会话以及控制会话的结束时间，并能够处理会话事件。

5.1　ASP 编程基础

5.1.1　创建 ASP 文件

ASP 文件就是包含服务器端脚本的文本文件，其扩展名为.asp。在 ASP 页面中添加服务器端脚本，使用@ LANGUAGE 指令：

```
<%@  LANGUAGE = "ScriptingLanguage" %>
```

注意：

(1) Scripting Language 指定脚本语言，取值可以是"VBScript"或"JavaScript"，默认为 VBScript。

(2) 该指令必须放在文档的第一行。

(3) 在"@"符号与关键字"LANGUAGE"之间要有一个空格。

5.1.2　混合 ASP 代码、HTML 标记与客户端脚本

1. 混合 ASP 代码与 HTML 标记

HTML 静态部分设计完成，HTML 标记放在< >之间，ASP 代码放在<% %>之间。

```
<%
Dim d, h
h=Hour(now)
If h < 12 Then
%>
<p>早上好！</p>
<% Else %>
<p>您好！</p>
<% End If %>
```

2. 混合 ASP 代码与客户端脚本

使用 ASP 代码生成或操作客户端脚本，可以增强其有效性。客户端脚本还是放置在 <script></script> 之间，位置在 <head></head> 之间。

5.1.3　使用#include 命令

#include 命令指示 Web 服务器将指定文件的内容插入 HTML 页中。所包含的文件可以包含在 HTML 文档中有效的任何内容。

#include 命令必须放在 HTML 注释内。该命令既可以用在 ASP 页中，也可以用在 HTML 页中。语法格式如下：

```
<!-- #include file|virtual="Filepath" -->
```

(1) File：表示使用文档相对路径。File 指定路径类型为#include 命令的文件(称为父文件)所在文件夹的相对路径，被包含文件可以位于相同文件夹或子文件夹中，但它不能处于带有#include 命令的页的上层文件夹中。

(2) Virtual：表示使用站点根目录相对路径。

(3) Filepath：指定要包含的文件路径，必须包含文件扩展名，而且必须用引号将文件名括起来。被包含文件可具有任何文件扩展名。

5.1.4　ASP 内置对象概述和应用开发流程

1. ASP 内置对象概述

ASP 提供了一些内置对象，在脚本中不必创建这些对象，便可以直接访问它们的方法、属性和集合，以扩展脚本的功能。

(1) Response 对象：用于向客户端浏览器发送信息，或者将访问者转移到另一个网址，并可以输出和控制 Cookie 信息等。

(2) Request 对象：提供客户端在请求一个页面或传送一个表单时提供的所有信息，包括能够标识浏览器和用户的 HTTP 变量、Cookie 信息以及附在 URL 后面的值(查询字符串或表单数据)。

(3) Server 对象：提供了一系列的方法和属性，在使用 ASP 编写脚本时是非常有用的。最常用的是 Server.CreateObject 方法，它允许在当前页的环境或会话中在服务器上实例化其他 COM 对象。

(4) Session 对象：存储一个会话内的信息。Session 对象是在每一位访问者从 Web 站点或 Web 应用程序中首次请求一个 ASP 页时创建的，它将保留到默认的期限结束或者通过脚本设置中止的期限。

(5) Application 对象：在一个 ASP 应用中让不同客户端共享信息。Application 对象是在为响应一个 ASP 页的首次请求而载入 asp.dll 时创建的，它提供了存储空间用来存放变量和对象的引用，可以用于所有的页面，任何访问者都可以打开这些页面。

2. ASP 应用开发流程

(1) 设计静态页面。
(2) 在代码窗口添加动态脚本。
(3) 测试和调试网页。

5.2　表单设计及其应用

表单是用来收集站点访问者信息的域集。表单从用户收集信息，然后将这些信息提交给服务器进行处理。表单可以包含允许用户进行交互的各种控件，例如文本框、列表框、复选框和单选按钮等。如何使用表单：①站点访问者填表单的方式是输入文本，单击单选按钮与复选框以及从下拉菜单中选择选项；②在填好表单之后，站点访问者便送出所输入的数据，该数据就会根据所设置的表单处理程序，以各种不同的方式进行处理。

5.2.1　创建表单

网页中插入一个表单的操作：工具栏【表单】→【 ▢ 】图标，如图 5.1 所示。

图 5.1　表单菜单

表单通过<form>标记来定义，语法格式如下：

```
<form name="formname" method ="get" | "post action="asp 文件" enctype="MIMEType"
target=" windowOrFrameName">
    ...
</form>
```

<form>标记具有以下属性。
(1) name：指定表单的名称。
(2) method：指定发送表单的 HTTP 方法。
　　取值为：post 或 get。
　　post：在 HTTP 请求中嵌入表单数据。
　　get：将表单数据附加到请求该页的 URL 中。

(3) action：指定提交表单时将被访问的 URL。

(4) enctype：指定提交到服务器表单数据的 MIME Type 编码类型。

(5) target：指定用来显示表单处理结果的窗口或框架。

5.2.2 使用输入型表单控件

用户通过表单输入数据，可以使用 INPUT 标记创建各种输入型表单控件。通过将 INPUT 标记的 TYPE 属性设置为不同的值，可以创建不同类型的输入型表单控件，包括单行文本框、密码框、复选框、单选按钮、文件域和按钮等。

当提交表单时，每个表单控件的名称和内容都会提交给服务器端，服务器正是通过接收表单控件的名称从而接到它的取值。

1. 在表单中添加单行文本框

DW 界面操作：工具栏【表单】→【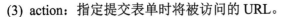】图标，然后下面的属性窗口选择"单行"。代码为：

```
<input type="text" name="字符串" id="字符串" value="字符串 size="整数" maxlength="整数">
```

其中：

name 属性指定文本框的名称，通过它可以在脚本中引用该文本框控件；

value 属性指定文本框的初始值；

size 属性指定文本框的宽；

maxlength 属性指定允许在文本框内输入的最大字符数。

当提交表单时，该文本框的名称和内容提交给服务器端，服务器正是通过接收表单控件的名称从而接到它的取值。

2. 在表单中添加密码域

密码域其实是一个单行的文本框。键入数据时，大部分的 Web 浏览器都会以星号显示密码以保机密。

DW 界面操作：工具栏【表单】→【▭】图标，然后在其下面的属性窗口选择"密码"。代码：在<form>...</form>之间添加一个<input>标记

```
<input type = "password" name = "字符串" id= "字符串" value = "字符串" size = "整数" maxlength = "整数">
```

其中：

name 属性用于指定密码域的名称，通过这个名称可以在脚本中引用该控件；

value 属性用于指定密码域的初始值；

size 属性指定密码域的宽度；

maxlength 属性指定允许在密码域内输入的最大字符数。

当提交表单时，该密码域的名称和内容提交给服务器端，服务器正是通过接收表单控件的名称从而接到它的取值。

3. 在表单中添加按钮

有三种类型的按钮：提交按钮、重置按钮和自定义按钮。

DW 界面操作：工具栏【表单】→【 ▢ 】图标，然后在其下面的属性窗口选择"提交"或"重设"。

创建按钮的基本语法格式为：

```
<input type = "submit|reset|button" name = "字符串" id = "字符串 value =
"字符串" onclick = "过程">
```

其中：

type：指定按钮的类型；

submit：创建一个提交按钮；

reset：创建一个重置按钮；

button：创建一个自定义按钮；

name：指定按钮的名称；

value：指定显示在按钮上的标题文本。

4. 在表单中添加单选按钮

单选按钮：从一组选项中只能选择其中一个。

DW 界面操作：工具栏【表单】→【 ▤ 】图标。

代码为：

```
<input type = "radio" name = "字符串" id= "字符串" value = "字符串"
[checked="checked"]>选项文本
```

其中：

name 属性指定单选按钮的名称；

value 属性指定提交时的值；

checked 属性是可选的，第一次打开表单时该单选按钮处于选中状态。

当提交表单时，单选按钮的组名称和取值提交给服务器端，服务器正是通过接收表单控件的名称从而接到它的取值。

注意：各个单选按钮名字必须是相同的。

5. 在表单中添加复选框

复选框：可选择一个或多个选项或都不选取。

DW 界面操作：工具栏【表单】→【 ☑ 】图标。

代码为：

```
<input type = "checkbox" name = "字符串" id = "字符串" value = "字符串"
[checked="checked"]>选项文本
```

其中：

name 属性指定复选框的名称；

value 属性指定提交时的值；

checked 属性可选，若使用该属性，则当第一次打开表单时该复选框处于选中状态。

当提交表单时，假如复选框被选中，它的名称和内容提交给服务器端，服务器正是通过接收表单控件的名称从而接到它的取值。

注意：各个复选框名字是不同的

6. 在表单中添加文件域

文件域：由一个文本框和一个"浏览"按钮组成。

DW 界面操作：工具栏【表单】→【 ☐ 】图标。

代码为：

```
<input type = "file" name = "字符串" id= "字符串"size = "整数" value = "字符
串">
```

其中：

name 属性指定文件域的名称；

value 属性给出初始文件名；

size 属性指定文件名输入框的宽度。

当提交表单时，该隐藏域的名称和取值提交给服务器端，服务器正是通过接收表单控件的名称从而接到它的取值。

7. 在表单中添加隐藏域

若要在表单结果中包含不希望让站点访问者看见的信息，可以在表单中添加隐藏域。每一个隐藏域都有自己的名称和值。

DW 界面操作：工具栏【表单】→【 ☐ 】图标。

代码为：

```
<input type = "hidden" name = "字符串"　id = "字符串"　value = "字符串">
```

其中：

name 属性指定隐藏域的名称；

value 属性给出隐藏域的默认值。

当提交表单时，该隐藏域的名称和取值提交给服务器端，服务器正是通过接收表单控件的名称从而接到它的取值。

5.2.3　使用其他表单控件

1. 在表单中添加滚动文本框

滚动文本框：多行文本框。标记：<TEXTAREA>

DW 界面操作：工具栏【表单】→【 ☐ 】图标。

代码为：

```
<textarea name = "字符串"　id = "字符串" rows = "整数" cols = "整数"
[readonly]>...</textarea>
```

其中：

name 属性指定滚动文本框控件的名称；

rows 属性指定该控件的高度(以行为单位)；

cols 属性指定该控件的宽度(以字符为单位)；

readonly 属性指定滚动文本框的内容不能修改。

当提交表单时，滚动文本框的名称和取值提交给服务器端，服务器正是通过接收表单控件的名称从而接到它的取值。

2. 在表单中添加菜单/选项菜单

选项菜单：下拉框。

标记：<SELECT>和<OPTION>

DW 界面操作：工具栏【表单】→【 】图标。

代码为：

```
<select name = "字符串"  id= "字符串" size = "整数" [multiple=" multiple "]>
     <option [selected] value = "字符串">选项 1</option>
     <option  value = "字符串">选项 2</option>
     </select>
```

其中：

name 属性指定选项菜单控件的名称；

size 属性指定在列表中一次可以看到的选项数目；

multiple 属性指定是否允许作多项选择；

selected 属性指定该选项的初始状态为选中。

当提交表单时，下拉菜单的名称和所有选择项的取值提交给服务器端，服务器通过接收表单控件的名称从而接到它的取值。

5.2.4 提交和处理表单

当用户完成表单数据后，单击"提交"按钮即可将表单数据提交给 Web 服务器上的表单处理程序。

提交信息表单处理程序的方法由<form>标记的 method 属性来确定。method="post"。表单处理程序的 URL 地址由<form>标记的 action 属性来确定。action="xxx.asp"。如果要处理表单数据，需要在服务器端编写脚本(cgi 或 asp 等)作为表单处理程序。

5.2.5 使用 ASP 程序处理表单

ASP 程序处理表单步骤如下。

(1) 表单的 action="处理表单的 ASP 文件名"。

(2) 接收表单数据(Request. Form 读取表单 post 方法数据)。

使用 Request 对象的 Form 集合可以接收表单中 post 方法提交的表单数据，语法为：

Request.Form("element")。其中参数 element 指定集合要接收的表单控件名称。

(3) 输出变量或者函数的值：<%=变量名称%>。

【例 5-1】演示：设计一个 post 表单(要求包含各种表单控件)，并处理，输出表单信息，效果如图 5.2 和图 5.3 所示，程序代码如图 5.4 所示。

【步骤】

(1) 先使用 DW 设计窗口制作静态页面部分。

(2) 切换到 DW 代码窗口输入脚本代码。

(3) 保存网页进行测试。

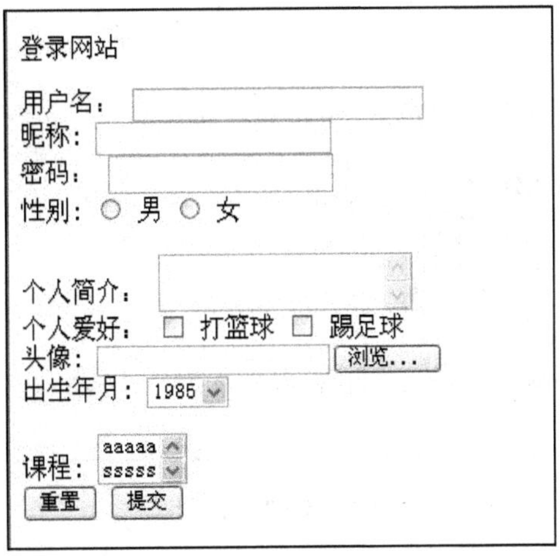

图 5.2　表单的静态页面

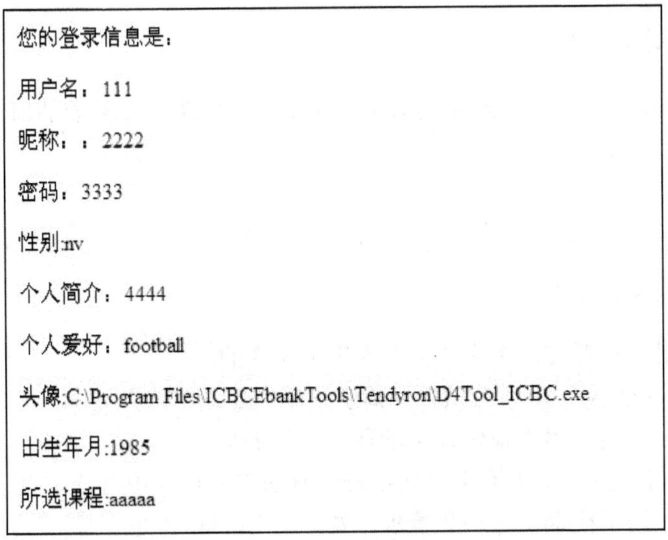

图 5.3　表单的动态处理结果

【代码】

```
1    <% @ LANGUAGE = "VBScript" %>
2    <%
3    dim xingming, mima, jianli2, xingbie2, aihao1, aihao2, file2, nian2, yue2, ri2
4    xingming2=Request.Form("xingming")
5    mima2=Request.Form("mima")
6    jianli2=Request.Form("jianli")
7    xingbie2=Request.Form("xingbie")
8    aihao1=Request.Form("aihao1")
9    aihao2=Request.Form("aihao2")
10   file2=Request.Form("file2")
11   nian2=Request.Form("nian")
12   yue2=Request.Form("yue")
13   ri2=Request.Form("ri")
14   %>
15   <HTML>
16   <HEAD>
17   <TITLE>检索表单数据示例</TITLE>
18   </HEAD>
19   <BODY>
20   <P>你的个人资料如下: </P>
21   <P>姓名: <% = xingming2%></P>
22   <P>密码: <% = mima2%></P>
23   <P>简历: <% = jianli2%></P>
24   <P>性别: <% = xingbie2%></P>
25   <P>爱好: <% = aihao1%></P>
26   <P><% = aihao2%></P>
27   <P>头像: <% = file2%></P>
28   <P>出生日期: <% = nian2%>年<% = yue2%>月<% = ri2%>日</P>
29   </BODY>
30   </HTML>
```

图 5.4　动态程序代码

5.3　使用 Request 对象

5.3.1　Request 对象概述

Request 对象在 HTTP 请求期间检索客户端浏览器传递给服务器的值。或者理解为接收客户端传过来的数据。

语法为:

Request[collection | property | method](variable)

1. Request 对象的集合

(1) Form: 用于检索 HTTP 请求正文中表单元素的值。

(2) QueryString: 用于检索 HTTP 查询字符串中变量的值。

(3) ServerVariables: 用于检索预定的环境变量的值。

(4) ClientCertificate: 用于检索存储在发送到 HTTP 请求中客户端证书中的字段值。

(5) Cookies: 用于检索在 HTTP 请求中发送的 Cookie 的值。

2. Request 对象的属性

Request 对象只有一个属性, 即 TotalBytes。这是一个只读属性, 它给出客户端在请求正文中发送的字节总数。

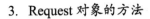

3. Request 对象的方法

Request 对象只有一个方法，即 BinaryRead。该方法获取作为 POST 请求的一部分而从客户端传送到服务器的数据。

5.3.2　检索表单数据和查询字符串

1. 检索表单数据

使用 Form 集合可以检索在 HTTP 请求中通过 post 方法发送的表单控件的值，语法为：Request.Form("表单控件名称")

演示：参考【例 5-1】

2. 检索查询字符串

使用 Request 对象的 QueryString 集合可以检索 HTTP 查询字符串中变量的值，语法为：Request.QueryString(variable)。其中参数 variable 是在 HTTP 查询字符串中指定要检索的参数名。

检索(接收)查询字符串有以下两种情况。

(1) 接收 method 属性为 get 的表单数据。

方法：Request.QueryString("表单控件名称")

【例 5-2 QueryString.htm】 演示：设计一个 get 表单并处理，输出表单信息，效果如图 5.5、图 5.6 和图 5.7 所示，程序代码如图 5.8、图 5.9 和图 5.10 所示。

【步骤】

① 先使用 DW 设计窗口制作静态页面部分。

② 切换到 DW 代码窗口输入脚本代码。

③ 保存网页进行测试。

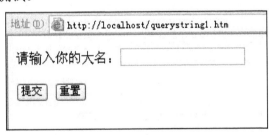

图 5.5　get 表单静态页面

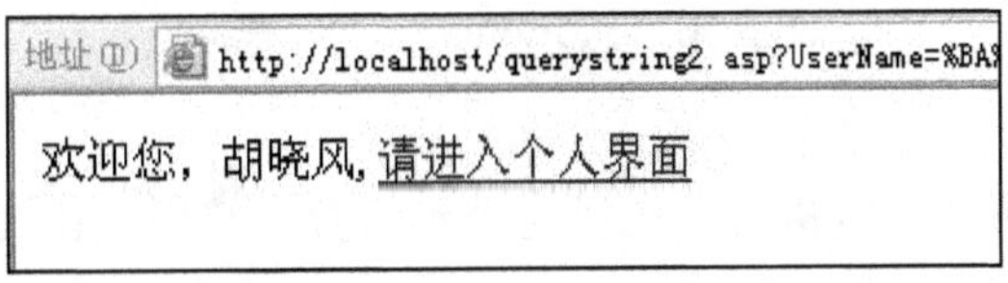

图 5.6　get 表单动态处理页面

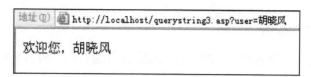

图 5.7　超链接传递变量

【代码】

```
1   <HTML>
2   <HEAD>
3   <TITLE>用户信息</TITLE>
4   </HEAD>
5   <BODY>
6   <FORM NAME = "Form1" METHOD = "get" ACTION = "querystring2.asp">
7   <P>请输入你的大名: <INPUT TYPE = "text" NAME = "UserName"></P>
8   <P><INPUT TYPE = "submit" NAME = "Button1" VALUE = "提交">
9   <INPUT TYPE = "reset" NAME = "Button2" VALUE = "重置"></P>
10  </FORM>
11  </BODY>
12  </HTML>
```

图 5.8　queryString1.htm 代码

```
1   <% @ LANGUAGE = "VBScript" %>
2   <%
3   username2=request.querystring("UserName")
4   %>
5   <HTML>
6   <HEAD>
7   <TITLE>检索查询字符串示例</TITLE>
8   </HEAD>
9   <BODY>
10  <p>欢迎您, <%=username2%>, <a href="querystring3.asp?user=<%=username2%>">请进入个人界面</a></p>
11  </BODY>
12  </HTML>
```

图 5.9　queryString2.asp 代码

```
1   <% @ LANGUAGE = "VBScript" %>
2   <%dim username
3   username=Request.querystring("User")
4   %>
5   <HTML>
6   <HEAD>
7   <TITLE>检索查询字符串示例</TITLE>
8   </HEAD>
9   <BODY>
10  <p>欢迎您, <%=username%></p>
11  </BODY>
12  </HTML>
13
```

图 5.10　queryString3.asp 代码

(2) 接收超链接的附加参数数据。

使用 A 标记创建超文本链接时，可以将查询参数字符串放在 URL 后面，并使用问号 "?" 来分隔 URL 与查询字符串。例如：

<A HREF="http://localhost/forum.asp?page=1">第一页</A>

方法：Request.QueryString("参数名称")。通过接收参数的名称从而接到需要传递的取值。

【例 5-3 xingming】　演示：querysting 接收超链接附加参数演示，效果如图 5.11 和图 5.12 所示，程序代码如图 5.13 和图 5.14 所示。

【步骤】

① 先使用 DW 设计窗口制作静态页面部分。

② 切换到 DW 代码窗口输入脚本代码。

③ 保存网页进行测试。

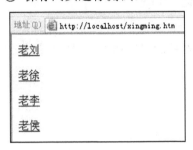

图 5.11　querystring 传递超链接附加参数

地址 (D)	http://localhost/xingming.asp?user=老刘
欢迎你，老刘!	

图 5.12　querystring 接收超链接附加参数处理结果

【代码】

```
1  <html>
2  <head>
3  <meta http-equiv="Content-Language" content="zh-cn">
4  <meta http-equiv="Content-Type" content="text/html; charset=gb2312">
5  <title>aaa</title>
6  </head>
7  <body>
8  <p><a href="xingming.asp?user=老刘
9  ">老刘</a></p>
10 <p><a href="xingming.asp?user=老徐
11 ">老徐</a></p>
12 <p><a href="xingming.asp?user=老li
13 ">老李</a></p>
14 <p><a href="xingming.asp?user=老hou
15 ">老侯</a></p>
16 </body>
17 </html>
```

图 5.13　xingming.htm 程序代码

```
1  <% @ LANGUAGE = "VBScript" %>
2  <%dim username,mima
3  username=Request.querystring("user")
4  %>
5  <HTML>
6  <HEAD>
7  <meta http-equiv="Content-Language" content="zh-cn">
8  <TITLE>检索查询字符串示例</TITLE>
9  </HEAD>
10 <BODY>
11 <p>欢迎你，<%=username%>!
12 </BODY>
13 </HTML>
```

图 5.14　xingming.asp 程序代码

5.3.3 检索服务器端环境变量和 HTTP 标头信息

使用 Request 对象的 ServerVariables 集合可以检索预定的环境变量和 HTTP 标头信息，语法格式如下：

```
Request.ServerVariables ("服务器环境变量名称")
```

查看远程机器的 IP 地址：Request.ServerVariables("remote_addr")

5.4 使用 Response 对象

Response 对象与一个 HTTP 响应相对应，通过该对象的属性和方法可以控制如何将服务器端的数据发送到客户端浏览器。

5.4.1 Response 对象概述

使用 Response 对象可以将输出发送到客户端，语法格式如下：

```
Response.collection | property | method
```

其中：collection、property、method 分别表示集合、属性和方法。

1．Response 对象的集合

Response 对象只有一个集合，即 Cookies 集合。

2．Response 对象的属性

(1) Buffer：表明页输出是否被缓冲。

(2) Expires：指定在浏览器中缓存的页面超时前缓存的时间。

(3) ExpiresAbsolute：指定浏览器上缓存页面超时的日期和时间。

(4) CacheControl：决定代理服务器是否能缓存 ASP 生成的输出。

(5) Charset：将字符集的名称添加到内容类型标题中。

(6) ContentType：指定响应的 HTTP 内容类型。

(7) IsClientConnected：表明客户端是否与服务器断开。

(8) Pics：将 PICS 标记的值添加到响应的标题的 PICS 标记字段中。

(9) Status：服务器返回的状态行的值。

3．Response 对象的方法

(1) Write：将变量作为字符串写入当前的 HTTP 输出。

(2) Redirect：将重指示的信息发送到浏览器，尝试连接另一个 URL。

(3) Clear：清除任何缓冲的 HTML 输出。

(4) End：停止处理 ASP 文件并返回当前的结果。

(5) Flush：立即发送缓冲的输出。

(6) AddHeader：从名称到值设置 HTML 标题。

(7) BinrayWrite：将信息写入当前 HTTP 输出中，不进行字符集转换。

(8) AppendToLog：在请求的 Web 服务器日志条目后添加字符串。

5.4.2　向客户端输出数据

基本语法：Response.Write variant。

1. 输出字符串

```
Response.Write "aaaa"
```

使用 Write 方法时，注意以下两点。

(1) variant 参数值可以包含任何有效的 HTML 标记，但不能包括字符组合 %>，可以使用转义序列 %\> 来代替。

(2) 不能使用 Write 方法来输出长度超过 1022 个字符的字符串，可使用变量。

2. 输出变量

```
Response.Write X
```

Response.Write 可以用 "=" 来代替。例如，<% Response.Write X %>也可以写成<% = X %>。

【例 5-4 response.write】 演示：向客户端输出一些属性数据，效果如图 5.15 所示，程序代码如图 5.16 所示。

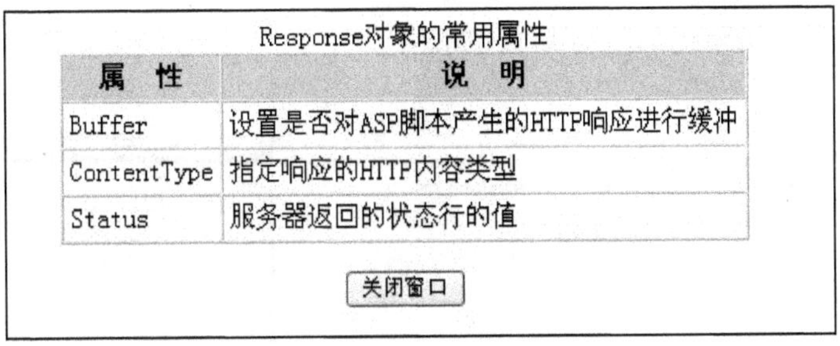

Response对象的常用属性	
属　性	**说　明**
Buffer	设置是否对ASP脚本产生的HTTP响应进行缓冲
ContentType	指定响应的HTTP内容类型
Status	服务器返回的状态行的值

关闭窗口

图 5.15　response 对象的属性

```
1   <%@LANGUAGE="VBSCRIPT" CODEPAGE="936"%>
2   <!DOCTYPE html PUBLIC "-//W3C//DTD XHTML 1.0 Transitional//EN" "http://www.w3.org/TR/xhtml1/DTD/xhtml1-tran
3   <html xmlns="http://www.w3.org/1999/xhtml">
4   <head>
5   <meta http-equiv="Content-Type" content="text/html; charset=gb2312" />
6   <title>Write方法应用示例</title>
7   </head>
8
9   <body>
10  <%
11      Response.Write "<table border='1' align='center' cellpadding='4' cellspacing='0'>"
12      Response.Write "<caption>Response对象的常用属性</caption>"
13      Response.Write "<tr bgcolor='#CCCCCC'>"
14      Response.Write "<th>属  性</th>"
15      Response.Write "<th>说  明</th>"
16      Response.Write "</tr><tr>"
17      Response.Write "<td>Buffer</td>"
18      Response.Write "<td>设置是否对ASP脚本产生的HTTP响应进行缓冲</td>"
19      Response.Write "</tr><tr>"
20      Response.Write "<td>ContentType</td>"
21      Response.Write "<td>指定响应的HTTP内容类型</td>"
22      Response.Write "</tr><tr>"
23      Response.Write "<td>Status</td>"
24      Response.Write "<td>服务器返回的状态行的值</td>"
25      Response.Write "</tr></table>"
26      Response.Write "<p align='center'><input type='button' value='关闭窗口' onclick='window.close()' /></p>"
27  %>
28  </body>
29  </html>
```

图 5.16 程序代码

5.4.3 重新定向网址 Response.Redirect "URL"

重新定向网址 Response.Redirect "URL"，其中参数 URL 是浏览器重新定向到页面的 URL。

使用 Redirect 方法时，应注意以下两点。

(1) 在页面中调用 Redirect 方法时，任何在页面中显示设置的正文内容都将被忽略。

(2) 必须在向浏览器发送输出前调用 Redirect 方法。通常是在<HTML>标记前调用该方法。

【例 5-5 redirect】 演示：使用 response 对象的 redirect 方法，做一个登录 post 表单程序(要求包含有输出 IP 地址)，如果用户名为空，则返回重新登录，否则登录成功。输出登录信息，效果如图 5.17 和图 5.18 所示，程序代码如图 5.19 和图 5.20 所示。

【步骤】

(1) 先使用 DW 设计窗口制作静态页面部分。

(2) 切换到 DW 代码窗口输入脚本代码。

(3) 保存网页进行测试。

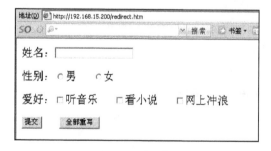

图 5.17 初始静态表单

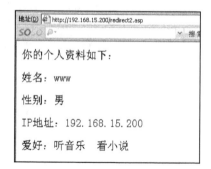

图 5.18 动态程序运行结果

【代码】

```
1   <HTML>
2   <HEAD>
3   <TITLE>用户个人资料</TITLE>
4   </HEAD>
5   <BODY>
6   <FORM NAME = "Form1" METHOD = "post" ACTION = "redirect2.asp">
7   <P>姓名: <INPUT TYPE = "text" NAME = "UserName" id= "UserName" /></P>
8   <P>性别: <INPUT TYPE = "radio" NAME = "UserSex"
9   VALUE="男">男  
10  <INPUT TYPE = "radio" NAME = "UserSex" VALUE = "女">女</P>
11  <P>爱好: <INPUT TYPE = "checkbox" NAME = "chkFavorite1"
12  VALUE = "听音乐">听音乐  
13  <INPUT TYPE = "checkbox" NAME = "chkFavorite2"
14  VALUE = "看小说">看小说  
15  <INPUT TYPE = "checkbox" NAME = "chkFavorite3"
16  VALUE = "网上冲浪">网上冲浪</P>
17  <P><INPUT TYPE = "submit" NAME = "btnSubmit" VALUE = "提交">  
18  <INPUT TYPE = "reset" NAME = "btnReset" VALUE = "全部重写"></P>
19  </FORM>
20  </BODY>
21  </HTML>
```

图 5.19　初始静态表单代码

```
1   <% @ LANGUAGE = "VBScript" %>
2   <%
3   dim username, usersex, favorite1, favorite2, favorite3
4   username=Request.Form("UserName")
5   sex=Request.Form("UserSex")
6   aihao1=Request.Form("chkfavorite1")
7   aihao2=Request.Form("chkfavorite2")
8   aihao3=Request.Form("chkfavorite3")
9   ip2=request.ServerVariables("remote_addr")
10  if username="" then
11  response.redirect "redirect.htm"
12  end if
13  %>
14  <HTML>
15  <HEAD>
16  <TITLE>检索表单数据示例</TITLE>
17  </HEAD>
18  <BODY>
19  <P>你的个人资料如下: </P>
20  <P>姓名: <% = username%></P>
21  <P>性别: <% = sex%></P>
22  <P>IP地址: <% = ip2%></P>
23  <P>爱好:
24  <%
25  if aihao1<>"" then
26  response.write aihao1& "  "
27  end if
28  if aihao2<>"" then
29  response.write aihao2& "  "
30  end if
31  if aihao3<>"" then
32  response.write aihao3
33  end if
34  %>
35   
36  </P>
37  </BODY>
```

图 5.20　动态程序代码

5.5　使用 Server 对象

5.5.1　Server 对象概述

Server 对象提供对服务器上的方法和属性的访问，其中大多数方法和属性是作为实用程序的功能服务的。语法格式如下：

```
Server.property | method
```

其中 property 和 method 分别表示属性和方法。

1. Server 对象的属性

Server 对象仅支持 ScriptTimeout 属性，用于指定超时值，在脚本运行超过这一时间之后即作超时处理。

2. Server 对象的方法

(1) CreateObject：创建服务器组件的实例。

(2) Transfer：将当前所有的状态信息发送给另一个 ASP 文件进行处理。

(3) MapPath：将指定的虚拟路径，无论是当前服务器上的绝对路径，还是当前页面的相对路径，映射为物理路径。

5.5.2　Server.transfer 方法

Server.transfer 方法将控制权转移到其他 ASP 文件(执行完以后，不再返回原来的页面继续执行)。使用 Server 对象的 Transfer 方法可以将在一个 ASP 文件中处理的所有信息发送到另一个 ASP 文件中，语法格式如下：

```
Server.Transfer ("path")
```

其中参数 Path 指定要将控制转移到的 ASP 文件的位置。

Transfer 方法也是 IIS 4.0 的新增功能，调用该方法时将停止当前页面的执行，把控制转到 Path 参数所指定的页面。当调用 server.transfer 时，用户的会话状态和当前事务状态也传递到新的页面，Request 集合的所有内容在新的页面中也都是可用的。

【例 5-6 server.transfer】　演示：使用 server.transfer 做一个登录 post 表单程序，如果用户名、密码为空，则返回重新登录，并且能够保留填过的其他信息，不为空则登录成功。输出用户所有信息，效果如图 5.21 和图 5.22 所示，程序代码如图 5.23 和图 5.24 所示。

【步骤】

(1) 先使用 DW 设计窗口制作静态页面部分。

(2) 切换到 DW 代码窗口输入脚本代码。

(3) 保存网页进行测试。

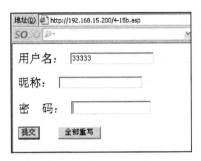

图 5.21　初始静态表单

你的用户名是33333，你的昵称是**44444**，密码是566666。
谢谢登录！

图 5.22　动态程序运行结果

【代码】

```
<% @ LANGUAGE = "VBScript" %>
<% dim name2, mima, nicheng
Name3 = Request.Form("txtUserName")
nicheng3 = Request.Form("txtUserName2")
%>
<HTML>
<HEAD>
<TITLE>登录页面</TITLE>
</HEAD>
<BODY>
<FORM NAME = "Form1" METHOD = "post" ACTION = "4-15b.asp">
<P>用户名：
<INPUT TYPE = "text" NAME = "txtUserName" value="<%=name3%>"></P>
<P>昵称：
  <INPUT TYPE = "text" NAME = "txtUserName2" value="<%=nicheng3%>">
</P>
<P>密  码：
<INPUT TYPE = "password" NAME = "txtPassword"></P>
<P><INPUT TYPE = "submit" NAME = "btnSubmit" VALUE = "提交">  
<INPUT TYPE = "reset" NAME = "btnReset" VALUE = "全部重写"></P>
</FORM>
</BODY>
</HTML>
```

图 5.23　初始静态表单代码

```
1  <% @ LANGUAGE = "VBScript" %>
2  <% dim name2, mima, nicheng
3  Name2 = Request.Form("txtUserName")
4  nicheng = Request.Form("txtUserName2")
5  mima = Request.Form("txtPassword")
6  if name2="" or nicheng="" or mima="" then
7  server.transfer "4-15a Server.transfer.asp"
8  end if
9  %>
10 <HTML>
11 <HEAD>
12 <TITLE>谢谢登录</TITLE>
13 </HEAD>
14 <BODY>
15 你的用户名是<B><% = Name2 %></B>，你的用户名是<B><% = nicheng %></B>,密码是<B><% = mima %></B>。
16 <BR>谢谢登录！
17 </BODY>
18 </HTML>
```

图 5.24　动态程序代码

5.5.3 创建服务器组件实例

例如：下列脚本创建了 ADO 对象，实现了对数据库的连接以及对数据库的访问。

Set conn=server.createobject（"ADODB.connection"）

conn.open

Set rs=server.createobject（"ADODB.Recordset"）

其中，第一句创建了一个名为 conn 的 ADODB.connection 对象实例，并使用 conn.open 方法实现了对数据库的连接；第二句创建了一个名为 rs 的 ADODB.Recordset 对象实例，实现了对数据库的访问。

5.5.4 相对或虚拟路径映射

使用 Server 对象的 MapPath 方法可以将指定的相对或虚拟路径映射为服务器上相应的物理路径，语法格式如下：

```
Server.MapPath("Path")
```

其中参数 Path 指定要映射成物理目录的相对或虚拟路径。

【例 5-7 Server.MapPath】 演示：使用 Server.MapPath 映射物理路径，效果如图 5.25 所示，程序代码如图 5.26 所示。

图 5.25 Server.MapPath 映射物理路径

```
1   <% @ LANGUAGE = "VBScript" %>
2   <HTML>
3   <HEAD>
4   <TITLE>Server.MapPath方法应用示例</TITLE>
5   </HEAD>
6   <BODY>
7   <H3>Server.MapPath方法应用示例</H3>
8   <HR>
9   <P>文件的物理路径为：
10  <% = Server.MapPath("biaodan.asp")%></P>
11  <% = Server.MapPath("session/3.asp")%></P>
12  </BODY>
13  </HTML>
```

图 5.26 程序代码

5.6 使用 Session 对象

5.6.1 Session 对象概述

1. 基本情况

(1) Session 对象可以存储特定用户会话所需的信息。

(2) 当用户在应用程序的 Web 页之间跳转时,存储在 Session 对象中的变量将不会丢失,而是在整个用户会话中一直存在下去。

(3) 在绝大多数情况下,可以使用 Session 变量作为全局变量,用于在该会话的所有页面中共享信息。

(4) 当用户请求来自应用程序的 Web 页时,如果该用户还没有会话,则 Web 服务器将自动创建一个 Session 对象。当会话过期或被放弃后,服务器将终止该会话。

(5) Session 对象的语法格式:Session.collection | property | method。

2. Session 对象的集合

Contents:包含已用脚本命令添加到会话中的项目,Contents 是 Session 对象的默认集合。

3. Session 对象的属性

SessionID:返回用户的会话标识。在创建会话时,服务器会为每一个会话生成一个单独的标识。

4. Session 对象的方法

Abandon: 结束 Session 对象并释放其资源。

5. Session 对象的事件

(1) Session_OnStart:创建 Session 对象时产生这个事件。

(2) Session_OnEnd:结束 Session 对象时产生这个事件。

5.6.2 保存会话信息

使用 Contents 集合保存会话信息。

普通的脚本级变量具有页作用域,其生命周期开始于页面加载时,终止于页面关闭时。若要存储在整个用户会话过程中作用的数据,可以将该数据存储在 Session 对象的 Contents 集合中。语法格式如下:

```
Session.Contents("Key")
```

其中参数 Key 指定要获取的属性的名称,也就是会话变量的名称。可理解为数据库中的字段。

```
<% Session.Contents("UserName") = "张三丰" %>
```

上述脚本也可以写成以下形式：

```
<% Session("UserName") = "张三丰" %>
```

5.6.3 识别会话

ASP 为每个用户会话分配了唯一的识别标志。在创建会话时，服务器会为每一个会话生成一个单独的标识，该标识为长整型数据类型，并且随用户在 Web 站点上保存。

使用 Session 对象的 SessionID 属性可以返回用户的会话标识，语法格式如下：

```
Session.SessionID
```

SessionID 属性的用途之一是跟踪访问者的活动情况。

5.6.4 控制会话的结束时间

使用 Session 对象的 Timeout 属性可以为应用程序的 Session 对象指定时限(以分钟为单位)，如果用户在该时限内不刷新或请求网页，则该会话将终止。语法格式如下：

```
Session.Timeout = nMinutes
```

在默认情况，如果用户在 20 分钟内没有请求或刷新页面，服务器就假定该用户已经离开，并设置其会话时限已到。服务器使用这种策略来回收用来跟踪用户会话的资源。

假如超过了会话的时限，用户发出了新的请求，则服务器将该用户视为一个新用户，并创建一个新的会话，原有的会话信息都会丢失。

即使没有超过这个时限，也可以使用 Session 对象的 Abandon 方法强制结束会话。

5.6.5 session 对象的应用实例

Session 对象常用于以下两种情况。

(1) 用户在网站程序登录后，使用 Session 对象存储用户的必要信息。比如用户名、权限等。

例如，session("user")=user

(2) 验证用户是否登录，防止非法用户不经过登录浏览网页。

【例 5-8 Session】 演示：使用 server.transfer 制作一个登录 post 表单程序，如果用户名、密码为空，则返回重新登录，并且能够保留填过的其他信息，不为空则登录成功。输出用户所有信息，效果如图 5.27、图 5.28 和图 5.29 所示，程序代码如图 5.30、图 5.31 和图 5.32 所示。

【步骤】

(1) 先使用 DW 设计窗口制作静态页面部分。

(2) 切换到 DW 代码窗口输入脚本代码。

(3) 保存网页进行测试。

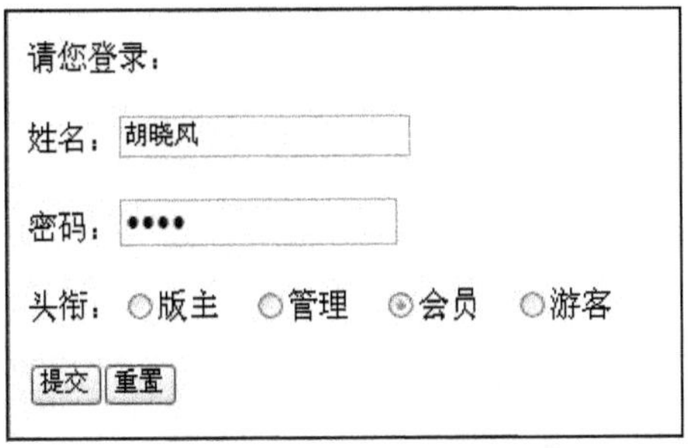

你的登录资料如下：

姓名：胡晓风

密码：1234

头衔：管理

欢迎进入网站！　进入　注销

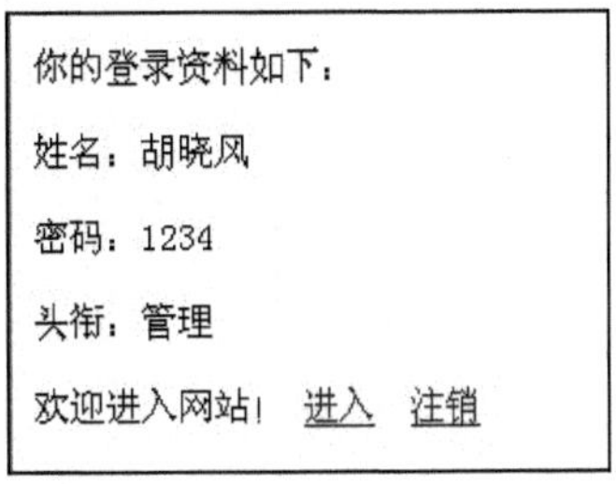

图 5.28　Session 运行结果(1)

请您登录：

姓名：胡晓风

密码：●●●●

头衔：○版主　○管理　◉会员　○游客

[提交] [重置]

图 5.27　初始静态表单

您好，胡晓风管理，欢迎您登录！

图 5.29　Session 运行结果(2)

【代码】

```
1   <html>
2   <head>
3   <title>请您登录</title>
4   </head>
5   <body>
6
7   <p>请您登录: </p>
8   <form method="POST" action="2.asp">
9     <p>姓名: <input type="text" name="username" size="20"></p>
10    <p>密码: <input type="password" name="password" size="20"></p>
11      <p>头衔: <input type="radio" value="版主" name="rank">版主 
12      <input type="radio" name="rank" value="管理">管理 
13      <input type="radio" name="rank" value="会员" checked>会员 
14      <input type="radio" name="rank" value="游客">游客</p>
15    <p><input type="submit" value="提交" name="B1"><input type="reset" value="重置" name="B2"></p>
16  </form>
17  </body>
18
19  </html>
```

图 5.30　初始静态表单代码

```
1   <% @ LANGUAGE = "VBScript" %>
2   <%
3   dim user,pass
4       user = Request.form("username")
5       pass = Request.form("password")
6       rank = Request.form("rank")
7       Session("name")=user
8       session("rank")=rank
9   %>
10  <HTML>
11  <HEAD>
12  <TITLE>检索表单数据示例</TITLE>
13  </HEAD>
14  <BODY>
15  <P>你的登录资料如下: </P>
16  <P>姓名: <%=user%></P>
17  <P>密码: <%=pass%></P>
18  <P>头衔: <%=rank%></P>
19  <p>欢迎进入网站!  <a href="3.asp">进入</a>  <a href="4.asp">注销</a></p>
20  </BODY>
21  </HTML>
```

图 5.31　Session 运行结果代码(1)

```
1   <% @ LANGUAGE = "VBScript" %>
2   <%
3   If session("name")="" Then
4   response.redirect "1.htm"
5   else
6   dim user,rank
7       user=session("name")
8       rank=session("rank")
9   End if
10  %>
11  <HTML>
12  <HEAD>
13  <TITLE>欢迎进入</TITLE>
14  </HEAD>
15  <BODY>
16  <P>您好，<%=user%><%=rank%>，欢迎您登录！</P>
17  </BODY>
18  </HTML>
```

图 5.32　Session 运行结果代码(2)

习　　题

1. ASP 内置对象包含哪几种？其应用开发流程包括哪几个步骤？
2. 什么是表单？表单如何使用？
3. 浏览器对象主要由什么组成？
4. 如何在客户端动态生成脚本程序？

第 6 章　ADO 数据对象

📖 教学目标

1. 掌握 Connection 对象的使用方法，能够使用该对象创建数据库连接，以连接到 SQL Serve 数据库和连接 Access 数据库并执行各种 SQL 查询。

2. 掌握 Recordset 对象的使用方法，能够创建和访问记录集、设置游标特性和锁定类型，能够通过该对象进行记录导航、分页显示记录、搜索记录和更新记录。

6.1　使用 Connection 对象

Connection 对象代表了打开的与数据源的连接，该对象代表与数据源进行唯一的会话。如果是客户端/服务器数据库系统，该对象等价于到服务器的实际网络连接。

使用该对象可以实现与 Microsoft SQL Server 和 Microsoft Access 等数据库的连接，也可以通过 SQL 语句对所连接的数据库进行各种各样的操作。

6.1.1　创建数据库连接

1. 创建 Connection 对象实例

在使用 ADO Connection 对象之前，应使用 Server.Createobject 方法创建该对象的实例，语法格式如下：

```
<%
dim cnn
set cnn = server.createobject("adodb.connection")
%>
```

2. 指定连接字符串——ConnectionString 属性

Connection 对象的 ConnectionString 属性可以包含用来建立数据库连接的信息。该属性的取值是一个字符串，通常称为连接字符串，包含一系列的"参数 = 值"语句，各个语句用分号分隔。

例如，当在 ASP 中访问 Access 数据库时，可以在连接字符串中包含 Driver 和 DBQ 两个参数，分别指定所用的数据库驱动程序和要连接的 Access 数据库文件的路径。请看如下代码：

```
<% cnn.connectionstring = "driver = {microsoft access driver (*.mdb)};dbq
= c:\test.mdb" %>
```

3. 打开数据库连接——Open 方法

使用 Connection 对象的 Open 方法可以建立到数据库的物理连接，语法格式如下：

```
connection.open connectionstring, userid, password, openoptions
```

(1) 所有参数都是可选的。其中 ConnectionString 指定连接字符串。
(2) Userid 指定建立连接时所使用的用户名称。
(3) Password 指定建立连接时所用密码。
(4) Openoptions 参数可以设置异步打开链接。
(5) 常使用：cnn.open

4. 关闭数据库连接——Close 方法

在对打开的 Connection 对象的操作结束后，使用 Close 方法释放所有关联的系统资源。语法格式如下：

```
cnn.close
```

其中，cnn 参数指定 Connection 对象的名称。

需要说明的是，关闭对象并非将它从内存中删除，此时可以更改它的属性设置并在以后再次使用 Open 方法打开它。

要将对象完全从内存中删除，可以将对象变量设置为 Nothing。

```
set cnn=nothing
```

以上前面带 ad 的符号常量包含在文件 adovbs.inc 中，路径为：\program files\common files\system\ado\ adovbs.inc，该文件包含与 ADO 一起使用的符号常量的定义清单。

要使用这些符号常量，将 adovbs.inc 文件复制到站点主目录下，并使用#include 指令将该文件包含到 ASP 页中。

6.1.2 使用连接字符串连接 SQL Server 数据库

将所有连接信息直接保存在连接字符串，应当在连接字符串中包含以下四个参数。
其中：
(1) Driver 参数指定所用的 ODBC 驱动程序。
(2) UID PWD 给出用户标识。
(3) PWD 给出用户密码。
(4) Database 参数指定要连接的数据库。

```
<%
dim cnn
set cnn = server.createobject("adodb.connection")
```

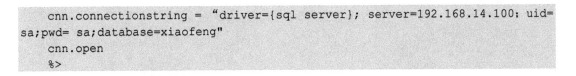

```
cnn.connectionstring = "driver={sql server}; server=192.168.14.100; uid=
sa;pwd= sa;database=xiaofeng"
cnn.open
%>
```

6.1.3　对 Access 数据库创建 ODBC 连接

使用 ODBC 驱动程序对 Access 数据库创建连接时，可以使用三种方式来保存连接信息。

(1) 创建系统数据源，将连接信息保存在 Windows 注册表中。

(2) 创建文件数据源，将连接信息保存在文本文件中。

(3) 将连接信息保存在字符串中，直接包含在 ASP 脚本中。

使用连接字符串：①使用 Driver 参数指定所使用的 ODBC 驱动程序；②使用 DBQ 参数指定要连接的 Access 数据库。

```
<%
dim cnn
set cnn = server.createobject("adodb.connection")
cnn.connectionstring = "driver={microsoft access driver (*.mdb)};dbq=" &
server.mappath("xiaofeng.mdb")
cnn.open
%>
```

使用 Server 对象的 MapPath 方法可以将指定的相对或虚拟路径映射为服务器上相应的物理路径，语法格式如下：

```
server.mappath("path")
```

其中，参数 path 指定要映射成物理目录的相对或虚拟路径。

【例 6-1 Access-odbc-connect.asp】　演示：使用连接字符串连接 Access 数据库。

```
<% @ language = "vbscript" %>
<html>
<head>
<title>创建与 access 数据库的连接</title>
</head>
<!-- #include file = "adovbs.inc" -->
<body>
<p>将所有连接信息保存在连接字符串中，通过 odbc 驱动程序连接到 access 数据库：</p>
<%
dim cnn
set cnn = server.createobject("adodb.connection")
cnn.connectionstring= "driver={microsoft access driver (*.mdb)}; dbq="&
server.mappath("xiaofeng.mdb")
cnn.open
if cnn.state = adstateopen then
```

```
response.write "<p><b>连接成功! </b></p>"
end if
cnn.close
set cnn = nothing
%>
</body>
</html>
```

6.1.4 使用 Connection 对象执行 SQL 查询——Execute 方法

使用 Connection 对象的 Execute 方法还能够执行指定的查询、SQL 语句、存储过程等内容。该方法有下列两种语法格式。

(1) 对于不按行返回的命令字符串。

```
cnn.execute commandtext, recordsaffected, options
```

(2) 对于按行返回的命令字符串。

```
set recordset = cnn.execute (commandtext, recordsaffected, options)
```

① Commandtext 参数包含要执行的 SQL 语句、表名、存储过程。该参数的内容可以是标准的 SQL 语法或要查询的表名。

② Recordsaffected 是可选参数,长整型变量,提供程序向其返回操作所影响的记录数目。

③ Options 也是可选参数,指示提供程序应如何为 Commandtext 参数赋值,可以取下列符号常量之一。

(3) 对于不按行返回的命令字符串(常用语法格式):

① sql= "insert."

```
cnn.execute sql, ,adcmdtext
```

② cnn.execute "insert …", adcmdtext

注意:第一种方式比较常用。

使用 Connection 对象执行 SQL 查询代码步骤:

(1) 创建 Connection 对象实例。

(2) 使用 Connection 对象的 ConnectionString。

(3) 使用 Connection 对象的 Open 建立到指定数据库的连接。

(4) 将 SQL 语句作为 Commandtext 参数的值,即写 SQL 语句。

(5) 使用 Execute 方法执行 SQL 语句。

步骤对应代码程序:

```
set cnn = server.createobject("adodb.connection")
cnn.connectionstring = "driver={microsoft access driver (*.mdb)};dbq=" &
server.mappath("xiaofeng.mdb")
cnn.open
sql = " insert into users( username, password ) values('" & username & "','"
& password & "')"
cnn.execute sql, ,adcmdtext
```

6.1.5　insert 语句、update 语句、delete 语句

1. 添加记录——insert 语句

insert　[into]　table_name(column_list)　values (expression , ... n).

(1) table_name 指定将要接收数据的表。

(2) into 是一个可选的关键字。

(3) column_list 是要在其中插入数据的一列或多列的列表，必须用圆括号将 column_list 括起来，并且用逗号进行分隔。

(4) values 给出引入要插入的数据值的列表，必须用圆括号将值列表括起来。

(5) expression 是一个常量、变量或表达式。

例如，在数据表中插入常量：

```
sql = " insert into users( username, password ) values('hu','aa')"
```

在数据表中插入变量：

```
sql = " insert into users( username, password ) values('" & username & "','"
& password & "')"
    cnn.execute sql, ,adcmdtext
```

【例 6-2 insert】　演示：做一个用户注册程序，实现在数据库里用户注册功能(Access 数据库)，效果如图 6.1 和图 6.2 所示，程序代码如图 6.3 和图 6.4 所示。

【步骤】

(1) 创建一个 Access 数据库，创建相应的表，并确保该数据库文件有写入权限。

(2) 使用 DW 设计窗口制作静态页面部分。

(3) 切换到 DW 代码窗口输入脚本代码。

(4) 保存网页进行测试(去数据库里看是否注册成功)。

图 6.1　用户注册表单

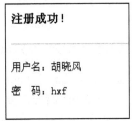

图 6.2　用户注册成功

【代码】

```
1    <HTML>
2    <HEAD>
3    <TITLE>用户注册页面</TITLE>
4    </HEAD>
5    <BODY>
6    <FORM NAME = "Form1" METHOD="post" ACTION="insert.asp">
7    <TABLE ALIGN = "center" BORDER = "1">
8    <TR><TD COLSPAN = "2" ALIGN = "center">用户注册表单</TD></TR>
9    <TR><TD ALIGN = "right">用户名：</TD>
10   <TD><INPUT TYPE = "text" NAME = "UserName"></TD></TR>
11   <TR><TD ALIGN = "right">密码：</TD>
12   <TD><INPUT TYPE = "password" NAME = "Password"></TD></TR>
13   <TR><TD ALIGN = "center"><INPUT TYPE = "submit" VALUE = "提交"
14   NAME = "btnSubmit"></TD>
15   <TD ALIGN = "center"><INPUT TYPE = "reset" VALUE = "全部重写"
16   NAME = "btnReset"></TD></TR>
17   </TABLE>
18   </FORM>
19   </BODY>
20   </HTML>
21
```

图 6.3 用户注册表单代码

```
1    <% @ LANGUAGE = "VBScript" %>
2    <%
3    Dim Name, word
4    Name = Trim(Request.Form("UserName"))
5    word = Trim(Request.Form("Password"))
6    If Name = "" Or word = "" Then
7      Response.Redirect "insert.htm"
8    End If
9    %>
10   <HTML>
11   <HEAD>
12   <TITLE>注册成功</TITLE>
13   </HEAD>
14   <BODY>
15   <%
16   Dim cnn, sql
17   Set cnn = Server.CreateObject("ADODB.Connection")
18   cnn.ConnectionString= "DRIVER={Microsoft Access Driver (*.mdb)}; DBQ="& Server.Mappath("xiaofeng2.mdb")
19   cnn.Open
20   SQL = "INSERT into Users( UserName, Password ) VALUES('" & Name & "','" & word & "')"
21   cnn.Execute SQL, , adCmdText
22   cnn.Close
23   Set cnn = Nothing
24   %>
25   <H3>注册成功！</H3><HR>
26   <P>用户名：<% = Name %></P>
27   <P>密  码：<% = word %></P>
28   </BODY>
29   </HTML>
```

图 6.4 用户注册动态处理程序

2. 更新记录——update 语句

update tablename set column_name = expression [, ... n] [where < search_condition >]

(1) tablename 给出需要更新的表的名称。

(2) set 子句指定要更新的列名称的列表。

(3) column_name 指定含有要更改数据的列的名称。

(4) expression 用于代替列中原有的值。

(5) where 子句指定要更新表中的哪些记录。如果省略 where 子句，则表中所有记录都将被更改为 set 子句指定的数据。

例如：

```
sql = "update users set password = '222' where username = '111'" (常量)
sql = " update users set password = '"&password&"' where username =
'"&username&"'"  (变量)
cnn.execute sql, ,adcmdtext
```

【例 6-3 update】　演示：用户通过登录来修改用户密码(Access 数据库)，效果如图 6.5
和图 6.6 所示，程序代码如图 6.7 和图 6.8 所示。

【步骤】

(1) 使用之前创建的 Access 数据库，并确保该数据库文件有写入权限。

(2) 使用 DW 设计窗口制作静态页面部分。

(3) 切换到 DW 代码窗口输入脚本代码。

(4) 保存网页进行测试(去数据库里看是否修改成功)。

图 6.5　用户修改密码表单　　　　　　图 6.6　用户修改密码成功

【代码】

```
1  <HTML>
2  <HEAD>
3  <TITLE>用户登陆页面</TITLE>
4  </HEAD>
5  <BODY>
6  <FORM NAME = "Form1" METHOD="post" ACTION="update.asp">
7  <TABLE ALIGN = "center" BORDER = "1">
8  <TR><TD COLSPAN = "2" ALIGN = "center">用户修改密码</TD></TR>
9  <TR><TD ALIGN = "right">用户名：</TD>
10 <TD><INPUT TYPE = "text" NAME = "UserName"></TD></TR>
11 <TR>
12   <TD ALIGN = "right">密码：</TD>
13   <TD><INPUT TYPE = "password" NAME = "Password1"></TD>
14 </TR>
15 <TR>
16   <TD ALIGN = "right">新密码：</TD>
17   <TD><INPUT TYPE = "password" NAME = "Password2"></TD>
18 </TR>
19 <TR><TD ALIGN = "center"><INPUT TYPE = "submit" VALUE = "提交"
20 NAME = "btnSubmit"></TD>
21 <TD ALIGN = "center"><INPUT TYPE = "reset" VALUE = "全部重写"
22 NAME = "btnReset"></TD></TR>
23 </TABLE>
24 </FORM>
25 </BODY>
26 </HTML>
```

图 6.7　用户修改密码表单代码

```
1   <% @ LANGUAGE = "VBScript" %>
2   <%
3   Dim UserName, Password
4   UserName = Request.Form("UserName")
5   Password1=Request.Form("Password1")
6   Password2= Request.Form("Password2")
7   ' 如果用户名和密码为空，则重定向到update.asp页面
8   If UserName = "" Or Password1 = "" Or Password2 = "" or password1<>password2 Then
9     Response.Redirect "update.htm"
10  End If
11  %>
12  <HTML>
13  <HEAD>
14  <TITLE>注册成功</TITLE>
15  </HEAD>
16  <BODY>
17  <%
18  Dim cnn,sql
19  Set cnn = Server.CreateObject("ADODB.Connection")
20  cnn.ConnectionString= "DRIVER={Microsoft Access Driver (*.mdb)}: DBQ="& Server.Mappath("xiaofeng2.mdb")
21  cnn.Open
22  SQL = "UPDATE Users SET Password = '"&password2&"' WHERE UserName = '"&UserName&"'"
23  ' 执行INSERT命令
24  cnn.Execute SQL, ,adCmdText
25  cnn.Close
26  Set cnn = Nothing
27  %>
28  <H3>修改密码成功！</H3><HR>
29  </BODY>
30  </HTML>
```

图 6.8　用户修改密码动态处理程序

3. 删除记录—— delete 语句

delete from table_name [where < search_condition >]

(1) 其中 table_name 指定要删除记录的表的名称。

(2) where 子句指定用于限制删除行数的条件。如果没有提供 where 子句，则 delete 删除表中的所有记录。

例如：

```
sql = " delete from users where username = '111'"   (常量)
sql = " delete from users where username = '"&username&"'"   (变量)
cnn.execute sql, ,adcmdtext
```

【例 6-4 delete】 演示：做一个用户注销程序，实现在数据库里用户注销功能。(Access 数据库)，效果如图 6.9 和图 6.10 所示，程序代码如图 6.11 和图 6.12 所示。

【步骤】

(1) 使用之前创建的 Access 数据库，并确保该数据库文件有写入权限。

(2) 使用 DW 设计窗口制作静态页面部分。

(3) 切换到 DW 代码窗口输入脚本代码。

(4) 保存网页进行测试(去数据库里看是否修改成功)。

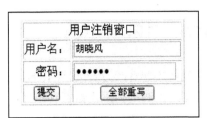

图 6.9   用户注销表单

用户删除成功！

图 6.10   用户注销成功

【代码】

```
1    <HTML>
2    <HEAD>
3    <TITLE>用户登陆页面</TITLE>
4    </HEAD>
5    <BODY>
6    <FORM NAME = "Form1" METHOD="post" ACTION="delete.asp">
7    <TABLE ALIGN = "center" BORDER = "1">
8    <TR><TD COLSPAN = "2" ALIGN = "center">用户注销窗口</TD></TR>
9    <TR><TD ALIGN = "right">用户名: </TD>
10   <TD><INPUT TYPE = "text" NAME = "UserName"></TD></TR>
11   <TR><TD ALIGN = "right">密码: </TD>
12   <TD><INPUT TYPE = "password" NAME = "Password"></TD></TR>
13   <TR><TD ALIGN = "center"><INPUT TYPE = "submit" VALUE = "提交"
14   NAME = "btnSubmit"></TD>
15   <TD ALIGN = "center"><INPUT TYPE = "reset" VALUE = "全部重写"
16   NAME = "btnReset"></TD></TR>
17   </TABLE>
18   </FORM>
19   </BODY>
20   </HTML>
```

图 6.11   用户注销表单代码

```
1    <% @ LANGUAGE = "VBScript" %>
2    <%
3    Dim UserName, Password
4    UserName = Request.Form("UserName")
5    Password1=Request.Form("Password1")
6    Password2= Request.Form("Password2")
7    ' 如果用户名和密码为空，则重定向到update.asp页面
8    If UserName = "" Or Password1 = "" Or Password2 = "" or password1<>password2 Then
9      Response.Redirect "update.htm"
10   End If
11   %>
12   <HTML>
13   <HEAD>
14   <TITLE>注册成功</TITLE>
15   </HEAD>
16   <BODY>
17   <%
18   Dim cnn, sql
19   Set cnn = Server.CreateObject("ADODB.Connection")
20   cnn.ConnectionString= "DRIVER={Microsoft Access Driver (*.mdb)}; DBQ="& Server.Mappath("xiaofeng2.mdb")
21   cnn.Open
22   SQL = "UPDATE Users SET Password = '"&password2&"' WHERE UserName = '"&UserName&"'"
23   ' 执行 INSERT命令
24   cnn.Execute SQL, , adCmdText
25   cnn.Close
26   Set cnn = Nothing
27   %>
28   <H3>修改密码成功！</H3><HR>
29   </BODY>
30   </HTML>
```

图 6.12   用户注销动态处理程序

6.2 使用 Recordset 对象

Recordset 对象表示的是来自基本表或命令执行结果的记录全集。使用 Recordset 对象主要用来存储 Select 结果返回的记录,所有 Recordset 对象均使用记录(行)和字段(列)进行构造。

如果 SQL 语句是 Select 按行返回的查询,执行产生的任何结果将存储在新的 Recordset 对象中。

6.2.1 创建和访问记录集

1. 用 Connection 对象的 Execute 方法返回记录集

当调用 Connection 对象的 Execute 方法时,如果 SQL 语句是 Select 按行返回的查询,执行产生的任何结果将存储在新的 Recordset 对象中。

例如:

```
<%
    dim cnn,rs,sql
    set cnn = server.createobject("adodb.connection")
    cnn.connectionstring= "driver={microsoft access driver  (*.mdb)};
dbq="&server.mappath("xiaofeng.mdb")
    cnn.open
    set rs= server.createobject("adodb.recordset")
    sql = "select * from user where username = 'xiaofeng'"
    set rs = cnn.execute sql
  ' 现在可以通过 recordset 对象对检索到的数据进行存取
    cnn.close
%>
```

2. 用 Recordset 对象的 Open 方法打开记录集

使用 Recordset 对象的 Open 方法打开一个记录集。语法格式如下:

```
rs.open source, activeconnection, cursortype, locktype
```

(1) 参数 source 为 command 对象变量名、SQL 语句、表名。主要使用 SQL 语句。

(2) activeconnection 为有效的 connection 对象变量名。

(3) cursortype 指定打开 recordset 时应使用的游标类型(常省略)。

(4) locktype 指定打开 recordset 时应使用的锁定类型(常省略)。

例如:

```
<%
    dim cnn,rs,sql
    set cnn = server.createobject("adodb.connection")
    cnn.connectionstring= "driver={microsoft access driver (*.mdb)};
dbq="& server.mappath("xiaofeng.mdb")
```

```
            cnn.open
            set rs= server.createobject("adodb.recordset")
            sql = "select * from user where username = 'xiaofeng'"
            rs.open sql, cnn
    …

            rs.close
    %>
```

6.2.2　检索记录——Select 语句

在 SQL 语言中，使用 Select 语句从表中检索数据。

```
sql = "select * from user where username = 'xiaofeng'(order by id desc)"
sql = "select * from user where username = '"&username&"'(order by id desc)"
```

(1) from 子句指定从其中检索数据的表。

(2) where 子句指定用于限制返回的行的搜索条件。

(3) order by 子句设置结果集的排序方式等。

1. 访问字段值 rs("字段名")

每个 Recordset 对象都包含一个 Fields 集合，该集合由一些 Field 对象组成。每个 Field 对象对应于记录集内的一列，也就是数据库表中的一个字段。

使用 Field 对象的 Value 属性可以设置或返回当前记录中的字段值，使用 Field 对象的 Name 属性可以返回字段名。

返回输出数据表里的 username 字段的值：是变量。

```
rs("username")
rs.fields(" username ")
rs.fields(" username ").value
<%= rs(" username ") %>
```

2. 关闭记录集—— rs.close

创建记录集并执行所需操作后，可以使用 Close 方法关闭 Recordset 对象，同时释放相关联的数据和可能已经通过该特定 Recordset 对象对数据进行的独立访问。

【例 6-5 selete】 演示：从数据库里查询所有记录出来。(Access 数据库)，效果如图 6.13 所示，程序代码如图 6.14 所示。

【步骤】

(1) 使用之前创建的 Access 数据库。

(2) 使用 DW 设计窗口制作静态页面部分。

(3) 切换到 DW 代码窗口输入脚本代码。

(4) 保存网页进行测试(去数据库里看是否修改成功)。

注册用户一览表

ID	Username	Password
2	xiaofeng	xiaofeng
3	acmilan	acmilan
4	wangan	wangan
6	yingyong	yingyong
9	zidonghua	ssss
11	sss	sss

图 6.13　用户查询

【代码】

```
<% @ LANGUAGE = "VBScript" %>
<HTML><HEAD>
<TITLE>显示表中的记录</TITLE></HEAD>
<BODY>
<%
Dim cnn, rs, SQL, i
Set cnn = Server.CreateObject("ADODB.Connection")
cnn.ConnectionString= "DRIVER={Microsoft Access Driver (*.mdb)}; DBQ="& Server.Mappath("xiaofeng.mdb")
cnn.Open
Set rs = Server.CreateObject("ADODB.Recordset")
SQL = "select * from user"
rs.Open sql, cnn
%>
<TABLE ALIGN = "center" BORDER = "1" CELLSPACING="0" width="10">
<CAPTION><B>注册用户一览表</B></CAPTION>
<TR>
<TH width="4">ID</TH><TH width="4">Username</TH><TH width="4">Password</TH>
</TR>
<% While Not rs.EOF %>
<TR>
  <TD width="4"><%=rs("id")%></TD>
  <TD width="4"><%=rs("username")%></TD>
  <TD width="4"><%=rs("password")%></TD>
</TR>
<%
rs.MoveNext          '将当前记录移动到记录集内的下一条记录
wend
%>
</TABLE></BODY></HTML>
<%rs.Close
cnn.close
set cnn=nothing
%>
```

图 6.14　用户查询动态处理程序

6.2.3　设置游标特性和锁定类型

1. 设置游标的类型

使用 Cursortype 属性可以指定打开 Recordset 对象时该使用的游标类型，该属性取值为下列值之一。

(1) Adopenforwardonly：表示仅向前游标(默认值)，只能在 Recordset 中向前滚动。

(2) Adopenkeyset：表示键集游标，允许 Recordset 中各种类型的移动。

(3) Adopendynamic：表示动态游标，用于不依赖书签的 Recordset 中各种类型的移动。如果提供者支持，可以使用书签。

(4) Adopenstatic：表示静态游标，也允许 Recordset 中各种类型的移动，支持书签。

2. 统计记录集内包含的记录数

使用 Recordset 对象的 Recordcount 属性，可以确定 Recordset 对象中记录的当前数目。

仅静态游标和键集游标支持 Recordcount 属性。当 ADO 无法确定记录数时，该属性返回-1。

【例 6-6 recordcount】　演示：从数据库里查询所有记录出来，并进行统计(Access 数据库)，效果如图 6.15 所示，程序代码如图 6.16 所示。

【步骤】

(1) 使用之前创建的 Access 数据库。

(2) 使用 DW 设计窗口制作静态页面部分。

(3) 切换到 DW 代码窗口输入脚本代码。

(4) 保存网页进行测试。(去数据库里看是否修改成功)

注册用户一览表

ID	Username	Password
2	xiaofeng	xiaofeng
3	acmilan	acmilan
4	wangan	wangan
6	yingyong	yingyong
9	zidonghua	ssss
11	sss	sss

在 xiaofeng.mdb 数据库的 user 表中包含 6 行记录。

图 6.15　用户查询和统计

【代码】

```
</HEAD>
<!-- #include file = "adovbs.inc" -->
<BODY>
<%
Dim cnn, rs, SQL, i
Set cnn = Server.CreateObject("ADODB.Connection")
Set rs = Server.CreateObject("ADODB.Recordset")
cnn.ConnectionString= "DRIVER={Microsoft Access Driver (*.mdb)}; DBQ="& Server.Mappath("xiaofeng.mdb")
cnn.Open
SQL = "select * from user"
rs.CursorType = adOpenStatic
rs.Open sql, cnn
%>
<TABLE ALIGN = "center" BORDER = "1" CELLSPACING="0" width="10">
<CAPTION><B>注册用户一览表</B></CAPTION>
<TR>
<TH width="4">ID</TH><TH width="4">Username</TH><TH width="4">Password</TH>
</TR>
<% While Not rs.EOF %>
<TR>
<TD width="4"><% = rs("id") %></TD><TD width="4"><% = rs("username") %></TD><TD width="4"><% = rs("password") %></TD>
</TR>
<%
rs.MoveNext          '将当前记录移动到记录集内的下一条记录
Wend

%>
</TABLE>
<P align="center">在 xiaofeng.mdb 数据库的 user 表中包含<% = rs.RecordCount %>行记录。</P>
</BODY>
</HTML>
<%
rs.Close
cnn.close
set cnn=nothing
```

图 6.16　用户查询和统计动态处理程序

6.2.4　记录导航

当打开一个非空记录集时，当前记录总是位于第一行记录上。使用 Recordset 对象的下列属性或方法可以在不同记录之间移动。

bof 属性：如果当前记录在第一条记录之前，则该属性值为 true。

eof 属性：如果当前记录在最后一条记录之后，则该属性值为 true。

常用于判断循环：while not rs.eof。

6.2.5　分页显示记录

1．使用 PageSize 属性指定一页中的记录数

使用 PageSize 属性设置或返回指定某页上的记录数，默认值 10。

2．使用 PageCount 属性返回总页数

使用 PageCount 属性可以确定 Recordset 对象中数据的页数。"页"是大小等于 PageSize 属性设置的记录组。

3．使用 AbsolutePage 属性指定当前记录所在的页

使用 AbsolutePage 属性设置或返回从 1 到该对象所含页数(即 PageCount)的值。AbsolutePage 属性可以识别当前记录所在的页码，可以使用该属性将记录集从逻辑上划分为一系列的页，每页的记录数等于 PageSize。设置该属性可以移动到特定页的第一个记录。

【例 6-7 page】　演示：从数据库里查询所有记录出来，并进行分页统计。两种分页方法效果如图 6.17 和图 6.18 所示。

【步骤】

(1) 使用之前创建的 Access 数据库。

(2) 使用 DW 设计窗口制作静态页面部分。

(3) 切换到 DW 代码窗口输入脚本代码。

(4) 保存网页进行测试。(去数据库里看是否修改成功)

图 6.17　用户查询分页统计(1)

【代码】

用户查询分页统计动态处理程序(1)。

```
<% @ language = "vbscript" %>
<html>
```

```
<head>
<title>分页显示记录</title>
</head>
<body>
<!-- #include file = "adovbs.inc" -->
<div align = "center">
<%
dim cnn, rs, sql, currentpage, rowcount, i
set cnn = server.createobject("adodb.connection")
set rs = server.createobject("adodb.recordset")
cnn.connectionstring= "driver={microsoft access driver (*.mdb)}; dbq="&
server.mappath("xiaofeng.mdb")
cnn.open
rs.cursortype = adopenstatic                    '设置记录集使用静态游标
sql = "select * from usermessage"
rs.open sql, cnn                                 '打开记录集
currentpage = request.querystring("page")        '从查询字符串中获得页号
if currentpage = "" then                         '如果页号为空（第一次打开页面时）
  currentpage = 1                                '设置页号为1
end if
rs.pagesize = 5                                  '设置在一页中显示5行记录
rs.absolutepage = cint(currentpage)             '设置当前记录所在的页面
                                                 '设置当前行号
%>
<table border = "1">
<caption><b>用户情况一览表</b></caption>
<tr bgcolor = "#99ccff">
<th width="4">userid</th><th width="4">username</th><th width="4">sex
</th><th width="4">age</th><th width="4">love</th><th width="4">address</th>
<th width="4">phone</th>
</tr>
<%
' 使用 while...wend 循环语句在当前页面上显示记录
for i=1 to rs.pagesize
%>
<tr>
<td><% = rs("userid") %></td><td><% = rs("username") %></td><td><% =
rs("sex") %></td><td><% = rs("age") %></td><td><% = rs("love") %></td><td><% =
rs("address") %></td><td><% = rs("phone") %></td>
</tr>
<%
rs.movenext
if rs.eof then exit for
        next
%>
</table>
<p>共<% = rs.recordcount %>条记录，分为<% = rs.pagecount %>页 
当前页次: <% = currentpage %>/<% = rs.pagecount %>
    分页:
```

```
<%
' 若当前页不是第一页记录，则显示"首页"和"上一页"链接
' 否则以灰色文本显示"首页"和"上一页"
if currentpage <> 1 then
%>
[<a href = "6-11 page(2)2.asp?page=1">首页</a>]  
[<a href = "6-11 page(2)2.asp?page=<% = currentpage-1 %>">上一页
</a>]  
<% else %>
[<font color = "darkgray">首页</font>] 
[<font color = "darkgray">上一页</font>] 
<%
end if
' 如果当前页不是最后一页，则显示"下一页"和"尾页"链接
' 否则以灰色文本显示"下一页"和"尾页"
if cint(currentpage)< rs.pagecount then
%>
[<a href = "6-11 page(2)2.asp?page=<% = currentpage+1 %>">下一页</a>] 
 [<a href = "6-11 page(2)2.asp?page=<% = rs.pagecount%>">尾页</a>] 
 
<% else %>
[<font color = "darkgray">下一页</font>] 
[<font color = "darkgray">尾页</font>]
</p>
<%
end if
rs.close
cnn.close
set cnn=nothing
%>
</p>
</div>
</body>
</html>
```

用户情况一览表

UserID	Username	Sex	age	love	address	phone
3	xiaofeng	男	29	sports	aaa	11111111
4	acmilan	男	25	qq	北京	22222222
5	hehe	男	33	ww	上海	33333333
6	zhang	女	44	ee	太原	44444444
7	wang	男	55	rr	太原	55555555

共3页　当前页次：1/3　　分页：　[1]　　[2]　　[3]

图 6.18　用户查询分页统计(2)

用户查询分页统计动态处理程序(2)。

```
<% @ language = "vbscript" %>
<html>
<head>
<title>分页显示记录</title>
</head>
<body>
<!-- #include file = "adovbs.inc" -->
<div align = "center">
<%
dim cnn, rs, sql, currentpage, rowcount, i
set cnn = server.createobject("adodb.connection")
cnn.connectionstring= "driver={microsoft access driver (*.mdb)}; dbq="&
server.mappath("xiaofeng.mdb")
cnn.open                                    ' 打开记录集
set rs = server.createobject("adodb.recordset")
rs.cursortype = adopenstatic                ' 设置记录集使用静态游标
sql = "select * from usermessage"
rs.open sql, cnn
currentpage = request.querystring("page")   ' 从查询字符串中获得页号
if currentpage = "" then                    ' 如果页号为空（第一次打开页面时）
  currentpage = 1                           ' 设置页号为 1
end if
rs.pagesize = 5                             ' 设置在一页中显示 5 行记录
rs.absolutepage = cint(currentpage)        ' 设置当前记录所在的页面

%>
<table border = "1">
<caption><b>用户情况一览表</b></caption>
<tr bgcolor = "#99ccff">
<th width="4">userid</th><th width="4">username</th><th width="4">sex
</th><th width="4">age</th><th width="4">love</th><th width="4">address</th>
<th width="4">phone</th>
</tr>
<%
' 使用 while...wend 循环语句在当前页面上显示记录
for i=1 to rs.pagesize
%>
<tr>
<td><% = rs("userid") %></td><td><% = rs("username") %></td><td><% =
rs("sex") %></td><td><% - rs("age") %></td><td><% = rs("love") %></td><td><% =
rs("address") %></td><td><% = rs("phone") %></td>
</tr>
<%
rs.movenext
```

```
if rs.eof then exit for
        next
%>
</table>
<p>共<% = rs.recordcount %>条记录，分为<% = rs.pagecount %>页 
当前页次：<% = currentpage %>/<% = rs.pagecount %>
    分页：
<%
for n = 1 to rs.pagecount
' 如果 i 等于当前页号，则以红色文本显示 i 的值

%>
[<a href = "6-11 page(4)3.asp?page=<% = n %>"><% = n %></a>]  
<%
next
rs.close
cnn.close
set cnn=nothing
%>
</p>
</div>
</body>
</html>
```

习　　题

1. 将所有连接信息直接保存在连接字符串，应当在连接字符串中包含哪四个参数？

2. 使用 ODBC 驱动程序对 Access 数据库创建连接时，可以使用哪三种方式来保存连接信息？

3. 使用 Recordset 对象主要用来存储_____结果返回的记录，所有 Recordset 对象均使用_____和_____进行构造。

4. ADO 数据控件使用 Delete 方法删除记录集中的_____记录，该记录删除后不可恢复。

第 7 章 创建 BBS 网络论坛

掌握论坛的设计方法，能够实现发表主题、保存主题、查看主题、回复主题以及保存回复等系统功能。

7.1 系统功能概述

论坛的主要功能是为用户提供在网上讨论问题的场所，它允许用户发起讨论的主题，针对某个主题发表意见并查看主题及其详细内容列表。

1. 发起主题

用户可以通过 HTML 表单来输入发起人的姓名、要发起的讨论主题和内容，并选择自己所喜爱的图片作为头像，然后将这些信息提交给数据处理程序，并保存到后台数据库中。除了保存用户提交的数据之外，也保存发起人的 IP 地址和发表意见的日期。

2. 查看主题列表

在论坛的主页面中，从数据库中检索发起的姓名、IP 地址、主题(以超链接形式出现)、发表时间、浏览次数和回复次数等信息，并采用分页形式来显示。如果数据库中还没有保存任何一个讨论主题，则显示"当前没有讨论主题!"，此时单击"发起主题"链接，可以打开发表主题的页面。

3. 针对主题发言

如果要参加针对某个主题的讨论，在主题列表中单击该主题即可查看现有的讨论内容并发表意见。查看某个主题的讨论内容时，该主题的浏览次数加 1；针对某个主题发言时，该主题的回复次数加 1。

7.2 创建数据库

为了保存讨论主题和讨论内容，在数据库中创建两个表，名称分别为 Articles 和 Replies，分别用于存储发起主题的信息和针对主题发表意见的内容，这两个表的结构如图 7.1 所示。创建数据库和表的操作，可以在 SQL Server 企业管理器或查询分析器中完成，也可以通过执行 ASP 代码来实现。

字段名称	数据类型	说明
art_id	自动编号	主题编号（标识列，种子值和递增量值均为1）
author	文本	发起人的用户名
ip_addr	文本	主题发起人的ip地址
theme	文本	主题的题目
content	文本	主题的内容
issue_time	日期/时间	发表主题的日期时间
view_times	数字	主题被浏览的次数
reply_times	数字	主题被回复的次数

字段名称	数据类型	说明
re_id	自动编号	主题编号（标识列，种子值和递增量值均为1）
author	文本	回复人的用户名
ip_addr	文本	回复人的ip地址
theme	文本	回复帖子的主题
content	文本	回复帖子的内容
reply_time	日期/时间	回复帖子
art_id	数字	

图 7.1　Articles 表和 Replies 表

7.3　系统功能程序实现

7.3.1　发表主题

文件 newtheme.asp 给出了发表讨论主题时所用到的表单。在查看讨论主题页面 (forum.asp)中单击"发表新帖"链接可以进入该页面。访问者可以在这里输入作者姓名、要发起讨论的主题和内容并选择自己所喜欢的头像，然后通过单击"提交"按钮将这些信息提交给文件 savetheme.asp 进行处理，如图 7.2 所示。

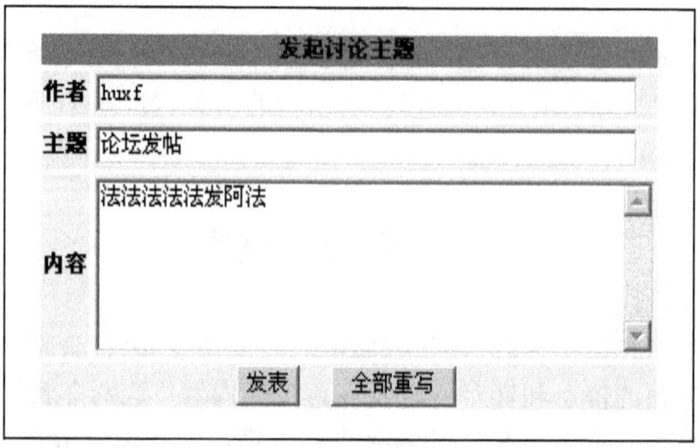

图 7.2　发起讨论主题页面

【代码】

```
<% @ language = "vbscript" %>
<% author = trim(request.form("txtauthor"))%>
<html>
<head>
<title>发起新主题</title>
<style>
table, input, textarea{font-size: 9pt}
</style>
</head>
<body>
<div align = "center">
<form name = "frmmsg" method = "post" action = "savetheme.asp">
<table cellspacing = "3">
<tr>
<th colspan ="2" bgcolor = "#0084ca">发起讨论主题</th>
</tr>
<tr bgcolor = "#d9f2ff">
<th>作者</th>
<td><input type = "text" name = "txtauthor" size = "50"
value = <% = author %>></td>
</tr>
<tr bgcolor = "#d9f2ff">
<th>主题</th>
<td><input type = "text" name = "txttheme" size = "50"
value = <% = request.form("txttheme") %>></td>
</tr>
<tr bgcolor = "#d9f2ff">
<th>内容</th>
<td><textarea rows = "6" name = "txtcontent" cols = "50">
<% = request.form("txtcontent") %></textarea></td>
</tr>
<tr align = "center" bgcolor="#d9f2ff">
<td colspan="2"><input type = "submit" value = "发表" name = "btnsubmit">
  <input type = "reset" value = "全部重写" name = "btnreset"></td>
</tr>
</table>
</form>
</div>
</body>
</html>
```

7.3.2　保存主题

访问者发起的讨论主题及其相关信息将提交给 savetheme.asp 文件进行处理。在该文件中，首先检查"作者""主题"和"内容"的值，如果其中有任何一个为空字符串，则重定向到发起讨论主题页面。如果这些值都不是空字符串，则连接到数据库，并将该讨论主题及其相关信息保存到 Articels 表中。保存数据后，可以单击链接返回论坛首页，如图 7.3 所示。

图 7.3　讨论主题保存成功

【代码】

```
<% @ language = "vbscript" %>
<%
dim author, ip_addr, theme, content
author = trim(request.form("txtauthor"))
ip_addr = request.servervariables("remote_addr")
theme = trim(request.form("txttheme"))
content =trim(request.form("txtcontent"))
issue_time=now()
if author = "" or theme = "" or content = "" then
server.transfer "newtheme.asp"
end if
%>
<html>
<head>
<title>保存讨论主题</title>
<body>
<!-- #include file = "adovbs.inc" -->
<%
dim id, cnn, sql
set cnn = server.createobject("adodb.connection")
cnn.connectionstring= "driver={microsoft access driver (*.mdb)}; dbq="&
server.mappath("xiaofeng.mdb")
cnn.open
sql = "insert into articles(author, ip_addr, theme, content,issue_time,
view_times, reply_times) values('"& author &"','"& ip_addr & "','"& theme & "',
'" &content & "','" &issue_time & "', 0, 0)"
cnn.execute sql, , adcmdtext
%>
<p><b>讨论主题保存成功！</b></p>
<p>【<a href = "forum.asp">返回论坛首页</a>】</p>
</body>
</html>
```

7.3.3　查看主题

在 forum.asp 文件中实现查看讨论主题的功能，该页面以分页形式显示当前已有的讨论主题，每页显示 5 个主题，每个主题以超链接形式显示，可以通过单击某个的主题来查看

详细的讨论内容并发表意见，也可以通过单击页面下部的超链接在不同页面之间跳转。如
果检测到 Articles 表中不包含任何记录，则显示"当前没有讨论主题！"，此时可以通过单
击页面上部的"发表新帖"链接进入发起主题的页面(newtheme.asp)，如图 7.4 所示。

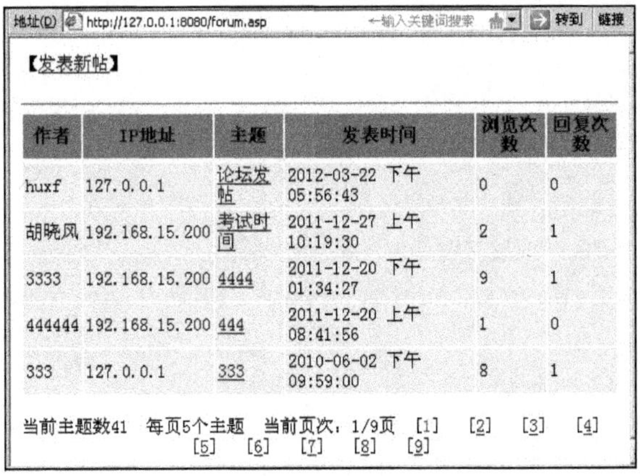

图 7.4　查看主题页面

【代码】

```
<% @ language = "vbscript" %>
<html>
<head>
<title>查看讨论主题</title>
</head>
<body>
<!-- #include file = "adovbs.inc" -->
<p>【<a href = "newtheme.asp" title = "发起新的讨论主题">发表新帖</a>】</p>
<hr color = "red" size = "1" noshade>
<div align = "center">
<%
dim cnn, rs, sql, currentpage, rowcount, i
currentpage = request.querystring("currentpage")
if currentpage = "" then
currentpage = 1
end if
set cnn = server.createobject("adodb.connection")
set rs = server.createobject("adodb.recordset")
cnn.connectionstring= "driver={microsoft access driver (*.mdb)}; dbq="&
server.mappath("xiaofeng.mdb")
cnn.open
sql="select * from articles"
rs.cursortype = adopenstatic                 ' 设置 recordset 对象使用静态游标
rs.open sql, cnn
```

```
' 若 articles 表为空，表示当前没有讨论主题
if rs.eof then
response.write "<p><b>当前没有讨论主题！</b></p>"
response.end
end if
' 关闭当前记录集
rs.close
rs.pagesize = 5
' 将 sql select 语句存放到字符串中
' 按照时间顺序排列记录，使后来发起的主题排在前面
sql = "select * from articles order by issue_time desc"
' 重新打开记录集
rs.open sql, cnn
' 设置当前页号
rs.absolutepage = cint(currentpage)
%>
<table border = "0" cellpadding = "2" cellspacing = "2" width = "100%">
<tr bgcolor = "#0084ca">
<th>作者</th><th>ip 地址</th><th>主题</th>
<th>发表时间</th><th>浏览次数</th><th>回复次数</th>
</tr>
<tr>
<% for i=1 to rs.pagesize %>
<tr bgcolor = "#d9f2ff">
<td><% = rs("author") %></td>
<td><% = rs("ip_addr") %></td>
<td><a href =' replytheme.asp?id=<% = rs("art_id") %>'>
<% = rs("theme") %></a></td>
<td><% = rs("issue_time") %></td>
<td><% = rs("view_times") %></td>
<td><% = rs("reply_times") %></td>
</tr>
<%
rs.movenext
if rs.eof then exit for
next
%>
</table>
<p>当前主题数<% = rs.recordcount %> 
每页<% = rs.pagesize %>个主题 
当前页次：<% = currentpage %>/<% = rs.pagecount %>页 
<%
```

```
for i = 1 to rs.pagecount
' 如果 i 等于当前页号, 则以红色文本显示 i 的值
if i = cint(currentpage) then
%>
[<font color = "red"><% = i %></font>]  
<%
' 如果 i 不等于当前页号, 则以超链接形式显示 i 的值
else
%>
[<a href = "forum.asp?currentpage=<% = i %>"><% = i %></a>]  
<%
end if
next
%>
</p>
</div>
</body>
</html>
```

7.3.4　回复主题

为了便于访问者参加针对每个主题的讨论, 主题列表中的每个主题均采取超链接形式, 单击某个主题, 即可查看关于该主题的讨论内容(包括原创帖子和回复帖子), 此时可以针对该主题发表自己的意见, 也可以通过单击相应的链接来发起新的讨论主题或者返回论坛首页。当输入作者、主题和内容后, 可以通过单击"提交"按钮将回复信息发送给 Web 服务器进行处理, 如图 7.5 所示。

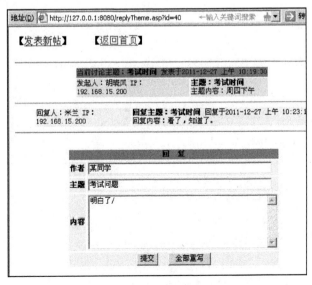

图 7.5　回复主题页面

【代码】

```
<% @ language = "vbscript" %>
<html>
<head>
<title>查看讨论内容并发表意见</title>
<style>
table, input, textarea{font-size: 9pt}
</style>
</head>
<body>
<p>【<a href = "newtheme.asp" title = "发起新的讨论主题">发表新帖</a>】
  
【<a href = "forum.asp" title = "查看当前已有主题">返回首页</a>】</p>
<hr color = "red" size = "1" noshade>
<!-- #include file = "adovbs.inc" -->
<%
dim cnn, rsart, rsre, sql1,sql2,sql3, id
set cnn = server.createobject("adodb.connection")
cnn.connectionstring= "driver={microsoft access driver (*.mdb)}; dbq="&
server.mappath("xiaofeng.mdb")
cnn.open
set rsart = server.createobject("adodb.recordset")

rsart.cursortype = adopenstatic

id = request("id")
' 在所选主题的浏览次数上加 1
sql1 = "update articles set view_times=view_times+1 where art_id=" & id
cnn.execute sql1, , adcmdtext
' 创建原创帖子的记录集
sql2 = "select * from articles where art_id=" & id
rsart.open sql2,cnn
%>
<div align = "center">
<table>
<tr align = "center">
<td colspan = "2"  bgcolor = "#0084ca">
当前讨论主题：<b><% = rsart("theme") %></b>
发表于<% =rsart("issue_time") %>
<td>
</tr>
<tr bgcolor = "#b5e6ff">
<td width = "158">
发起人：<% = rsart("author") %>
ip：<% = rsart("ip_addr") %>
</td>
<td>
<b>主题：<% = rsart("theme") %></b><br>
```

```
主题内容：<% = rsart("content") %>
</td>
</tr>
</table>
<hr color = "red" size = "1" noshade>
<%
set rsre = server.createobject("adodb.recordset")
rsre.cursortype = adopenstatic
sql3 = "select * from replies where art_id=" & id &" order by reply_time desc"
rsre.open sql3,cnn
' 若 replies 表为空，表示当前没有回复主题
if rsre.eof then
response.write "<p><b>当前没有回复！</b></p>"
end if
while not rsre.eof
%>
<div align = "center">
<table>
<tr bgcolor = "#d9f2ff">
<td width = "158">
回复人：<% = rsre("author") %>
ip：<% = rsre("ip_addr") %>
</td>
<td>
<b>回复主题：<% = rsre("theme") %></b>
回复于<% = rsre("reply_time") %><br>
回复内容：<% = rsre("content") %>
</td>
</tr>
<%
rsre.movenext
wend

%>
</table>
<hr color = "red" size = "1" noshade>
<form name="frmmsg" method="post" action="savereply.asp">
<table cellspacing = "3">
<tr align = "center">
<td colspan ="2" bgcolor = "#0084ca"><b>回  复</b></td>
</tr>
<tr bgcolor = "#d9f2ff">
<th>作者</th>
<td>
<input type = "text" name = "txtauthor" size = "50"
```

```
value = <% = request.form("txtauthor") %>>
</td>
</tr>
<tr bgcolor = "#d9f2ff">
<th>主题</th>
<td>
<input type = "text" name = "txttheme" size = "50"
value = <% = request.form("txttheme") %>>
<input type = "hidden" name = "id" size = "50" value = <% = id %>>
</td>
</tr>
<tr bgcolor="#d9f2ff">
<th>内容</th>
<td>
<textarea rows = "6" name = "txtcontent" cols = "50">
<% = request.form("txtcontent") %></textarea>
</td>
</tr>
<tr align = "center" bgcolor="#d9f2ff">
<td colspan = "2">
<input type = "submit" value = "提交" name = "btnsubmit">
  <input type = "reset" value = "全部重写" name = "btnreset">
</td>
</tr>
</table>
</form>
<%
rsart.close
rsre.close
cnn.close
set rsart=nothing
set rsre=nothing
set cnn=nothing
%>
</div>
</body>
</html>
```

7.3.5　保存回复

针对某个主题的回复被提交给 savereply.asp 文件进行处理。在该文件中，首先检查"作者""主题"或"内容"是否为空字符串，若是则重定向到回复主题的页面，若不是则对所提交的数据进行处理。数据处理的内容包括：一方面，通过更新 Articles 表中的 Reply_times 列使当前主题的浏览次数加 1；另一方面，将回复者的姓名、IP 地址、回复的主题和内容等保存到 Replies 表中。完成数据处理后，单击页面上的超链接可以返回论坛首页，如图 7.6 和图 7.7 所示。

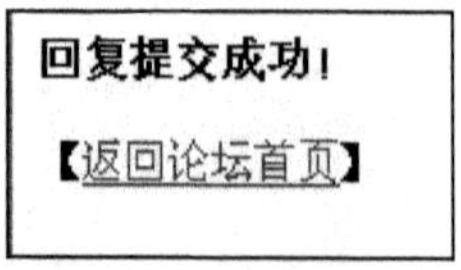

回复提交成功！
【返回论坛首页】

图 7.6　保存回复

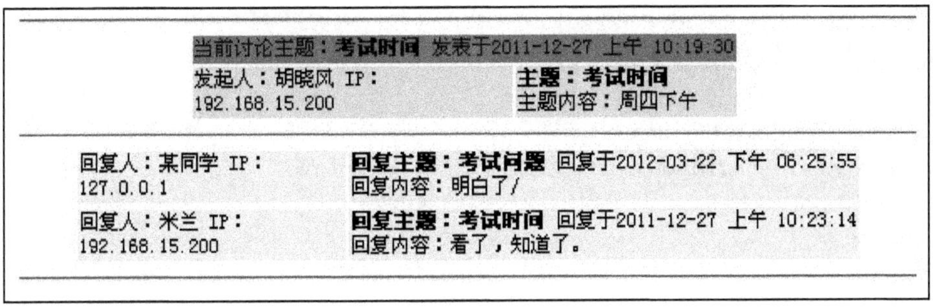

图 7.7　显示主题帖和回复帖

【代码】

```
<% @ language = "vbscript" %>
<%
dim author, ip_addr, theme, content, id
dim cnn, sql1,sql2
author = trim(request.form("txtauthor"))
ip_addr = request.servervariables("remote_addr")
theme = trim(request.form("txttheme"))
content =trim(request.form("txtcontent"))
reply_time=now()
id = request.form("id")
' 若"作者"、"主题"或"内容"为空字符串，则转移到回复主题页面
if author = "" or theme = "" or content = "" then
  server.transfer "replytheme.asp"
end if
%>
<html>
<head>
<title>回复已提交</title>
</head>
<body>rg
<!-- #include file = "adovbs.inc" -->
<%
set cnn = server.createobject("adodb.connection")
cnn.connectionstring= "driver={microsoft access driver (*.mdb)}; dbq="&
server.mappath("xiaofeng.mdb")
  cnn.open
  ' 使当前主题的回复次数加 1
  sql1 = "update articles set reply_times = reply_times + 1 where art_id = "
& id
  cnn.execute sql1, , adcmdtext
  ' 将回复信息保存到 replies 表中
  sql2 = "insert into replies(author, ip_addr, theme, content,reply_time,
art_id) values('" & author & "','" & ip_addr & "','"& theme & "','" & content
```

111

```
& "', '" &reply_time & "','"&id&")"
    cnn.execute sql2, , adcmdtext
    %>
    <p><b>回复提交成功！</b></p>
    <p>【<a href = "forum.asp">返回论坛首页</a>】</p>
    </body>
    </html>
```

习　　题

1. 论坛的主要功能是为用户提供在网上讨论问题的场所，它允许用户_____、_____和_____。

2. 创建数据库和表的操作时，可以在_____或_____中完成，也可以通过执行_____来实现。

第8章 学院教研室信息发布与开发

1. 了解系统的需求分析和可行性分析要点。
2. 掌握总体分析流程并会进行相关设计。
3. 了解系统设计目标、开发运行环境，并能够进行逻辑结构设计。
4. 了解前后台模块功能，能够对前台首页进行实现，并能够进行信息发布模块设计。

8.1 系 统 概 述

在全球知识经济和信息化高速发展的今天，信息化是决定学校发展的关键因素，学校在网站上发布信息，以使校园内的全体师生共同了解学校的发展变化，促进了学生和学校老师之间的友好关系。

一个广泛的、快速的、自由的信息交流平台，为广大用户带来方便的同时，也会给学校的管理者带来真实的感受。于是以因特网为基础的信息交流平台"政法教研室网站"出现了，政法教研室网站致力于优化信息交流，实现信息的快速交流，满足学生的要求。

系统分析主要对用户的需求进行分析，从而实现系统的功能。本章介绍系统面向的对象、系统的特点及主要功能。

8.2 系 统 分 析

8.2.1 需求分析

对于教研室这样的信息网站来说用户是固定的，主要是面向在校的师生，是为学校的信息发布提供服务。该网站为广大师生提供大量的，免费的，有价值的信息，主要包括：系级信息、工作信息、培训信息、娱乐新闻、学习信息、学生信息、灌水信息等。为广大师生提供便利的同时，也可以利用该网站对教研室信息、学生信息等进行集中管理。

教研室网站具有以下功能。

(1) 界面设计美观大方、方便快捷、操作灵活、树立网站的形象。

(2) 实现强大的信息查询并支持模糊查询。

(3) 用户不需要注册，就可以直接发布各类信息。

(4) 用户发布的各类信息，后台必须审核后才能发布到前台，避免出现不良信息。

(5) 支持海量数据录入。

(6) 当数据过多时，管理员对后台可随时进行清理。

8.2.2   可行性分析

通过计算机网络系统对教研室信息、学生信息、培训信息、学习信息等进行全面集中的管理，满足学校现代化的需要。将校园内部各教研室集中起来通过教研室网站平台统一管理，节省了人力物力。同时，更快速及时地对各类信息进行发布，增强了校园内部信息交流沟通的效率，使校园的管理更加科学化、系统化。

8.3   总 体 设 计

8.3.1   项目规划

教研室网站是一个典型的数据库开发应用程序，由前台功能和后台管理两大部分组成。

1．前台功能模块

前台功能模块主要包括：发布信息模块、分类信息搜索模块、校园广告展示模块、各类信息展示和后台登记入口。

2．后台管理模块

后台管理模块主要包括：后台登录模块、发布校园广告、信息管理、广告管理和退出登录。

8.3.2   系统功能结构图

教研室网站前台功能结构如图 8.1 所示。

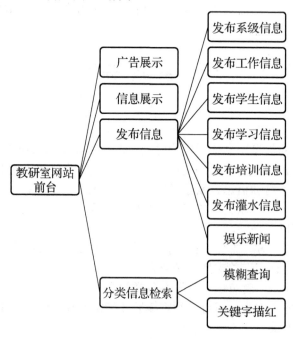

图 8.1   "教研室网站"前台功能结构图

教研室网站后台功能结构如图 8.2 所示。

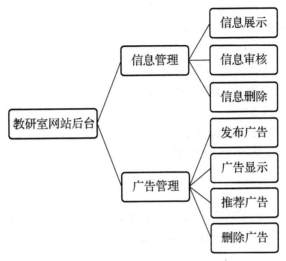

图 8.2　"教研室网站"后台功能结构图

8.4　系　统　设　计

8.4.1　设计目标

根据需求分析的描述，现制定网站的实现目标如下。

(1) 系统采用人机对话式，界面美观友好，框架清晰，简洁大方。

(2) 灵活方便地填写信息，使信息传递更快捷。

(3) 信息查询灵活、方便，数据存储安全可靠。

(4) 实现强大的后台审核功能。

(5) 实现强大的搜索引擎、支持模糊查询、关键字描红等功能。

(6) 对用户输入的数据系统进行严格的系统校验，尽可能排除人为的错误。

(7) 网站最大限度地实现了易维护性和易操作性。

(8) 为充分展现网站的交互性，采用动态网页技术实现用户信息在线发布。

(9) 具备完善的后台管理功能，能够及时对网站进行维护和更新。

8.4.2　开发运行环境

在开发"教研室网站"时，使用的开发环境如下。

1. 硬件平台

(1) CPU：Pentium 4，1.8GHz。

(2) 内存：256MB 以上。

2. 软件平台

(1) 操作系统：Windows XP/Windows 2000/Windows 7/Windows 10。

(2) 数据库：Access 2013。

(3) 开发工具：Dreamweaver 8.0。

(4) 浏览器：IE 浏览器 6.0 及以上版本。

(5) Web 服务器：IIS 6.0。

(6) 第三方软件：Quick.n.Easy.Web.Server.v3.3.5。

(7) 分辨率：最佳效果 1024×768 像素。

8.4.3 逻辑结构设计

本系统采用 Microsoft 公司的 Access 数据库应用程序，系统数据库名称为 school，数据库中共包含三张表，下面分别给出数据库的概要与说明。

1. 数据库概要说明

数据库中包含的三张表，如图 8.3 所示。

图 8.3　数据库中的三张表显示

2. 主要数据表的结构

(1) Administrator(管理员信息表)。管理员信息表主要用于存储管理员的信息，见表 8-1。

表 8-1　管理员信息表

字段名	数据类型	描述
id	自动编号	管理员编号
name	文本	管理员名称
pwd	文本	管理员密码

(2) Information(各类信息表)。主要用于存储各类发布的信息，见表 8-2。

表 8-2　各类信息表

字段名	数据类型	描述
id	自动编号	信息编号
fenlei	文本	信息类别
zhuti	文本	信息主题
neirong	文本	信息内容
faburen	文本	信息发布人
state	数字	信息状态
fdate	日期/时间	信息发布时间

(3) News(广告信息表)。广告信息表主要用于存储发布的广告信息，表 news 的结构，见表 8-3。

表 8-3　广告信息表

字段名	数据类型	描述
id	自动编号	新闻编号
zhuti	文本	新闻主题
neirong	文本	新闻内容
fdate	日期/时间	新闻发布时间
state	数字	新闻状态

8.5　前台主要功能模块详细设计

8.5.1　模块功能介绍

网站首页是关于网站的建设及形象宣传，它对网站生存和发展起着非常重要的作用。网站首页应该是一个信息含量较高，内容较丰富的宣传平台，"教研室网站"前台首页主要包括以下几个功能模块。

(1) 网站导航模块：主要包括网站的标识广告条和主功能导航两部分。

(2) 信息发布模块：主要用于发布各类别的信息。

(3) 重要信息展示：主要用于展示推荐的广告信息。

(4) 信息检索模块：主要用于检索信息，并对查询关键字进行描红。

(5) 后台登录入口：为用户进入后台提供一个入口。

8.5.2　文件架构

整个前台首页包括以下功能文件：发布信息、广告显示、信息显示、站内搜索、后台登录，而信息显示文件架构中包含系级信息、工作信息、学习信息、培训信息、学生信息、娱乐信息、灌水信息，如图 8.4 所示。

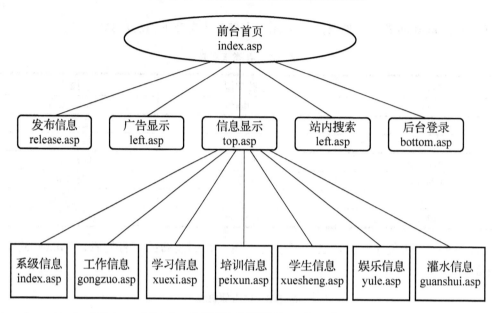

图 8.4　"政法教研室网站"前台架构图

8.5.3　前台运行效果

网站的前台运行效果和前台首页功能区块说明如图 8.5 和表 8-4 所示。

图 8.5　"政法教研室网站"首页

表 8-4　前台首页功能区块说明

区域	名称	说明	对应文件
1	网站主导航区	主要用于显示网站的标志广告条及为用户提供网站的功能导航	top.asp
2	推荐广告区	用于显示广告	left.asp
3	站内搜索专区	用于完成信息检索，并对查询关键字进行描红	left.asp
4	信息显示专区	主要用于显示信息	main.asp
5	版权专区	主要用于显示版权信息和用户进入后台提供一个入口	bottom.asp

8.5.4　前台首页实现过程

本系统中所有的前台页面都采用了两分栏结构，分为 4 个区域，导航栏、信息检索区、内容显示区和版权区，为了方便网站的日后维护，将这 4 个区域形成单独的 ASP 文件，在 ASP 页面中，可以使用#include 指令调用指定路径的其他文件，在调用的#include 的语句中可以使用 file 或者 virtual 关键字指定文件的相对路径或者虚拟路径。

```
<html>
<head>
<title>政法教研室网站</title>
</head>
<body>
<!--#include file="left.asp"-->
<!--#include file="main.asp"-->
<!--#include file="bottom.asp"-->
</body>
</html>
```

8.5.5　信息发布模块设计

信息发布是网站非常重要的功能，也是网站的核心功能，信息的提供者为信息用户。

信息发布模块可以完成 7 种不同类别信息的发布，用户可以根据自身需要将信息发布到相应的信息类别中(共包括 7 种信息类别，即系级信息、工作信息、学习信息、培训信息、学生信息、娱乐新闻、灌水信息)。信息发布成功后，需要管理员进行审核，只有审核成功的信息才能显示在前台相应的信息类别的网页中。信息发布模块流程图和信息发布功能区块说明如图 8.6 和表 8-5 所示。

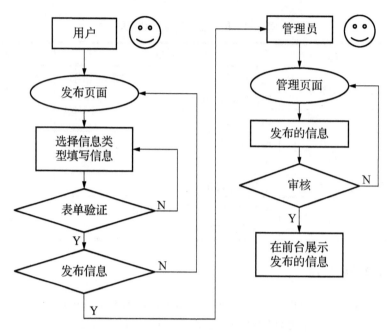

图 8.6 "政法教研室网站"信息发布流程图

表 8-5 信息发布功能区块说明

名称	类型	含义	重要属性
Form1	form	表单	method="post" action="release_ok.asp"
Type	Select	信息类别	\<select name="type"\> \<option value="系级信息"\>-系级信息-\</option\> \<option value="工作信息"\>-工作信息-\</option\> \<option value="学习信息"\>-学习信息-\</option\> \<option value="培训信息"\>-培训信息-\</option\> \<option value="学生信息"\>-学生信息-\</option\> \<option value="娱乐新闻"\>-娱乐新闻-\</option\> \<option value="灌水信息"\>-灌水信息-\</option\> \</select\>
Title	Text	信息标题	size="50"
Content	Text	信息内容	cols="55" rows="8"
Linkman	Text	联系人	id="linkman"
ImageField	Image	"发布信息" 按钮	src="Images/fa.gif"onClick="return checkform(form);"

发布信息页面的运行结果如图 8.7 和图 8.8 所示。

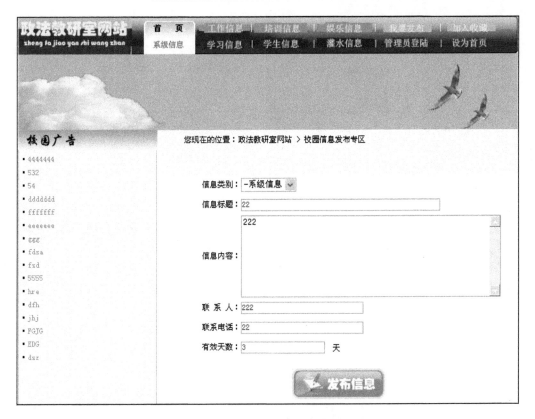

图 8.7　"政法教研室网站"信息发布页面

图 8.8　"政法教研室网站"信息发布成功页面

8.5.6　分页显示信息模块

在网站的应用过程中，经常需要将数据库中很多记录显示到页面中来，如果将所有的记录在一个页面中显示，会给浏览者带来很多麻烦，最好解决的方法就是使用分页技术来限制在一个页面中显示的数据条数。通过分页读取记录信息，在每页中显示几条记录，这既方便浏览者的浏览，也节省了页面的空间。

用户通过单击前台页面导航栏中的各类信息链接，就会进入信息展示页面，分页显示查询信息。

以 Main.asp 为例：

```
<!--#include file="conn/conn.asp"-->
<!-- #include file = "adovbs.inc" -->
```

```
<% set rs= Server.CreateObject("ADODB.Recordset")
rs.CursorType = adOpenStatic                        ' 设置记录集使用静态游标
sql="select * from info where fenlei= '系级信息'   '系级信息' and state=1"
rs.Open aa, conn,1,3                                ' 打开记录集
currentPage = Request.QueryString("Page")           ' 从查询字符串中获得页号
If currentPage = "" Then                             ' 如果页号为空（第一次打开
页面时）
    currentPage = 1                                 ' 设置页号为1
End If
rs.PageSize = 4                                      ' 设置在一页中显示4行记录
rs.absolutePage = CInt(currentPage)                  ' 设置当前记录所在的页面
rowCount = 0    %>
<%                                                   ' 使用 While...Wend 循环
语句在当前页面上显示记录
While Not rs.EOF And rowCount < rs.PageSize %>
  <%=rs("zhuti")%>
<%=rs("fdate")%>
  <%=rs("neirong")%> 联系人：<%=rs("faburen")%>
  <% rowCount = rowCount + 1
rs.MoveNext
Wend %>
      <td scope="col">   <font color="#336699">页次</font>
   「  <font   color=red><%=currentpage%>/<%=rs.pagecount%></font>
 」
        <%If currentpage <> 1 Then%>
[<A HREF = "index.asp?Page=1">首页</A>]  
[<A HREF = "index.asp?Page=<% = currentpage-1 %>">上一页</A>]  
<% Else %>
If CInt(currentPage)< rs.PageCount Then %>
[<A HREF = "index.asp?Page=<% = currentpage+1 %>">下一页</A>]
 [<A HREF = "index.asp?Page=<% = rs.pagecount%>">尾页</A>]
<% end if %>
rs.Close
conn.close
set cn=nothing %>
```

分页显示如图 8.9 和图 8.10 所示。

校园信息

『系级信息』 2753　2011-12-20 15:52:51

　　2563

联系人：56　 联系电话：546

『系级信息』 6　2011-12-20 15:52:58

　　685

联系人：45　 联系电话：546

『系级信息』 674　2011-12-20 15:53:05

　　gds

联系人：agh　联系电话：14

『系级信息』 jlk　2011-12-20 15:54:38

　　p：

联系人：32　 联系电话：25

页次 『 3/5 』　　　　　　　　　　第一页 上一页　下一页 最后一页

图 8.9　"政法教研室网站"分页显示页面

校园信息

『系级信息』 21　2011-12-20 16:04:54

　　24

联系人：42　 联系电话：241

『系级信息』 5231　2011-12-20 16:05:00

　　4342

联系人：42　 联系电话：4523

『系级信息』 42　2011-12-20 16:05:06

　　42

联系人：42　 联系电话：4723

页次 『 5/5 』　　　　　　　　　　第一页 上一页

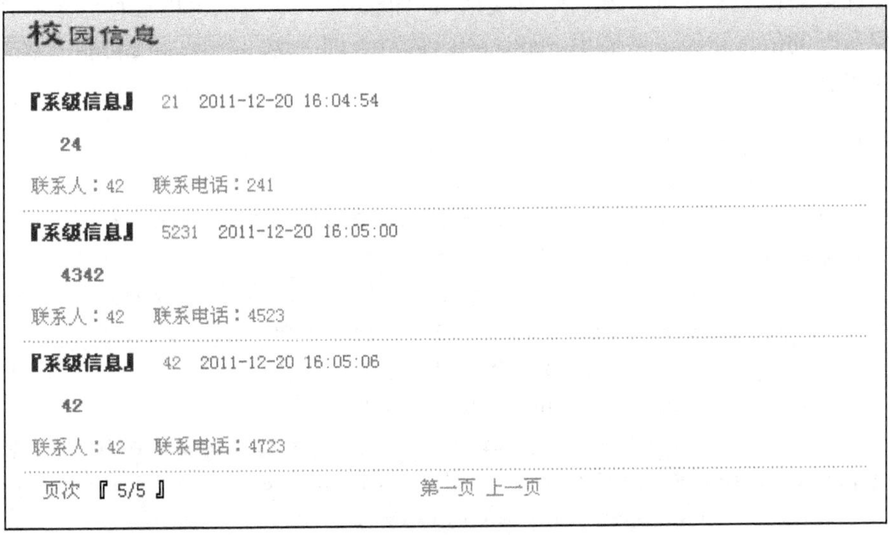

图 8.10　"政法教研室网站"分页显示页面

8.5.7　信息检索模块设计

　　信息检索是对已经在数据库中的数据按条件进行筛选浏览，是查看历史信息和确认数据操作最为快速、有效的方法。信息检索模块主要通过选择信息类型和输出查询关键字模糊查询信息资源，并输出查询结果。考虑到教研室网站的信息量较大，因此本模块对于查询关键字相匹配的查询进行描红，从而方便用户的浏览。

在开发信息检索模块时，由于该网站含有大量的数据信息，为了方便用户浏览网站信息，需要添加复合条件查询以实现搜索功能。该模块说明见表 8-6。

表 8-6　信息检索功能块说明

名称	类型	含义	重要属性
Form1	form	表单	method="post" action="release_ok.asp"
content	text	查询关键字	id="content" size="20"
Type	select	信息类型	\<select name="type"\> \<option value="系级信息"\>-系级信息-\</option\> \<option value="工作信息"\>-工作信息-\</option\> \<option value="学习信息"\>-学习信息-\</option\> \<option value="培训信息"\>-培训信息-\</option\> \<option value="学生信息"\>-学生信息-\</option\> \<option value="娱乐新闻"\>-娱乐新闻-\</option\> \<option value="灌水信息"\>-灌水信息-\</option\> \</select\>
search	Image	"开始搜索"按钮	src="Images/btn1.gif"onClick="return chkinput(form)"

用户可以在站内搜索区域输入一定的查询条件，单击"开始搜索"按钮后，用户添加的查询条件将被提交给本页。本页则将根据用户提交的表单对数据库进行检索，并将查询关键字相匹配的信息资源，并应用 replace()函数对查询关键字实现描红功能，数据处理页的程序代码如下：

```
<!--#include file="conn/conn.asp"-->
   <!--#include file="top.asp"--></td>
<td width="217" valign="top" background="Images/line2.gif">
<!--#include file="left.asp"--></td>
      </span>  <strong>检索结果</strong></span></td>
         <%set rs1= Server.CreateObject("ADODB.Recordset")
            type1=request("type")
            content=request("content")
            sql1="select * from info  where state=1 and (neirong like'%
"&content&"%' or zhuti like'%"&content&"%' or faburen like'%" &content&"%' )"
            rs1.open sql1,conn,1,3%>
<%do while not rs1.eof%>
『<%=replace(rs1("zhuti"),content,"<font  color='#FF0000'>"&content&
"</font>")%>』  『<%=replace(rs1("fdate"),content,"<font color='#FF0000'>"
&content&"</font>")%>』
   <%=replace(rs1("neirong"),content,"<font
color='#FF0000'>"&content&"</font>")%>
   <% rs1.movenext loop%></td></tr>
         <%if   rs1.bof and rs1.eof then%>
```

```
                    <td align="center">您检索的信息资源不存在！</td>
                            <%end if%>
    <td colspan="2"><!--#include file="bottom.asp"--></td>
```

信息检索的"关键字"文本框中输入欲查询的关键字，在下拉列表框中选择要搜索的信息类型，然后单击"开始搜索" 按钮后，对指定条件的记录进行检索并输出结果。同时，为了方便浏览者查找自己所关注的内容信息，本模块对查询关键字进行描红，运行结果如图 8.11 所示。

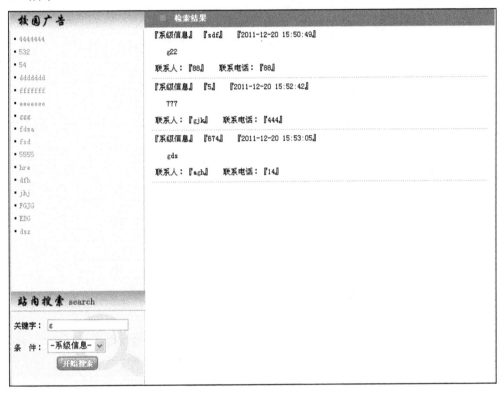

图 8.11　"政法教研室网站"信息检索和显示页面

8.6　后台主要功能模块

政法教研室网站后台是整个系统的重要组成部分，为用户提供服务，处理用户提交的信息和管理各种信息。

8.6.1　模块功能介绍

程序开发人员在设计网站后开主页时，主要从后台管理人员对功能的易操作、实用性和网站的易维护性考虑，因此采用了框架技术。后开主页主要包含以下内容。

(1) 信息的浏览。

(2) 广告信息的发布、浏览、前台推荐显示、删除功能。

(3) 网站首页：为管理员进入前台提供一个入口。

(4) 退出登录：注销当前用户。

8.6.2 文件架构

后台功能模块的文件架构如图 8.12 所示。

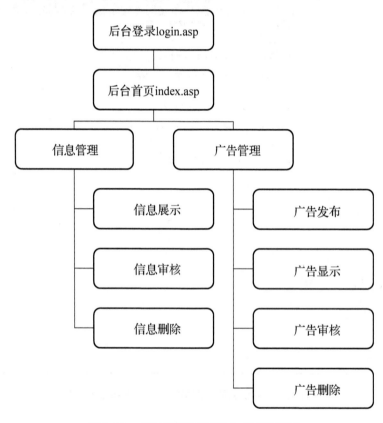

图 8.12 "政法教研室网站"后台架构图

8.6.3 后台页面运行效果

后台采用框架技术进行页面布局。框架就是网页的各部分为互相独立的网页，又由这些分开的网页组成一个完整的页面，显示在浏览器中。重复出现的内容被固定下来，每次浏览者发出对页面的请求时，只下载发生变化的框架页面，其他子页面保持不变。后台页面运行效果如图 8.13 所示。

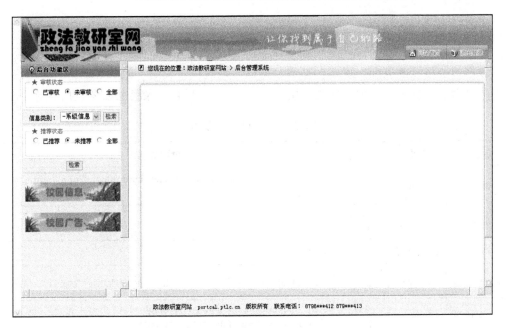

图 8.13　"政法教研室网站"后台显示页面

后台功能各部分说明见表 8-7。

表 8-7　后台首页功能区块说明

区域	名称	说明	对应文件
1	网站广告区	主要用于显示网站的标识广告条	Admin/top.asp
2	后台管理导航区	主要用于选择各种后台导航操作	Admin/left.asp
3	后台功能管理区	主要用于进行各种后台管理操作	Admin/main.asp
4	版权信息区	主要用于显示网站的版权信息	Admin/bottom.asp

8.6.4　后台页面实现过程

后台页面实现过程程序如下：

```
<html>
<head>
<title>北京政法职业学院网站--后台管理系统</title>
</head>
<frame src="blank.asp" name="left" scrolling="yes">
<frame src="top.asp" name="topFrame" scrolling="NO">
<frame src="left.asp" name="leftFrame" scrolling="yes">
<frame src="main.asp" name="mainFrame" scrolling="yes">
<frame src="bottom.asp" name="bottomFrame" scrolling="NO">
<frame src="blank.asp"></frameset>
<body>
</body>
</html>
```

8.6.5 管理员登录模块

管理员通过登录页面，进入网站后台首页，该模块主要用于验证管理员的身份及判断管理员是否成功登录。管理员登录区块说明见表 8-8，后台登录页面如图 8.14 所示。

表 8-8 管理员登录区块说明

名称	类型	含义	重要属性
Form1	form	表单	method="post"action="chkadmin.asp?action=login" onSubmit="return chkinput(this)"
Name	text	管理员名称	id="name"
Pwd	Password	密码	id="pwd"
imageField1	Image	"登录"按钮	src="Images/btn1.gif"width="51"height="20"class="input1"
imageField2	Image	"重置"按钮	src="Images/btn2.gif"width="51"height="20"class="input1"onClick="form.reset();return false;"class="input1"

图 8.14 "政法教研室网站"后台登录页面

8.6.6 后台重要新闻发布模块

用户通过单击页面导航区的【校园广告】超链接，进入校园广告发布页面，如图 8.15 所示。填写真实有效的新闻信息，单击【发布信息】按钮，程序会先验证用户是否输入信息，若验证失败，则返回信息发布页面，进行相应提示；若验证成功，则向数据库中插入记录，完成新闻发布操作。

图 8.15　"政法教研室网站"后台重要新闻发布页面

8.6.7　信息管理模块设计

1. 信息审核模块

信息审核页面在实现信息审核功能时应用到了 update 更新语句。update 语句用来改变单行上的一列或多列的值，或者改变单个表中选定的一些行上的多个列值。

```
<!--#include file="../conn/conn2.asp"-->
<%
set rs= Server.CreateObject("ADODB.Recordset")
id=request("id")
type1=request("type1")
state1=request("state1")
sql="update tb_leaguerinfo set state=1 where id="&id
rs.open sql,conn,1,3  %>
<script>alert("该信息已经通过审核！");window.location.href="find_fufei.
asp?type1=<%=type1%>&state1=<%=state1%>"</script>
```

进行审核步骤页面，如图 8.16 所示。

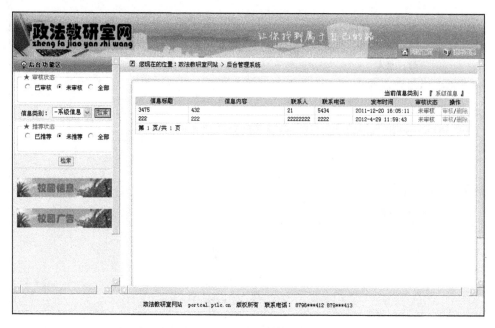

图 8.16 "政法教研室网站"信息审核页面

审核成功实现,如图 8.17 所示。

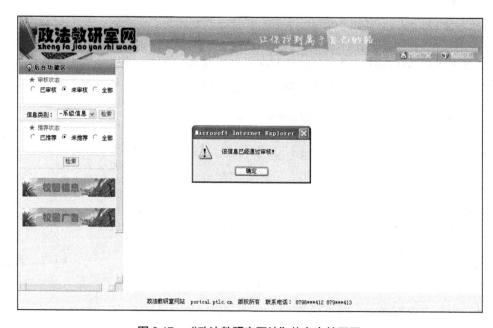

图 8.17 "政法教研室网站"信息审核页面

2. 信息删除模块

信息删除页面在实现信息删除功能时应用到了 delete 语句。delete 语句实现数据记录的删除。

```
<!--#include file="../conn/conn2.asp"-->
<%
set rs= Server.CreateObject("ADODB.Recordset")
id=request("id")
type1=request("type1")
state1=request("state1")
sql="delete from info where id="&id
rs.open sql,conn,1,3
%>
<script>alert("该信息已经删除！");window.location.href="find_mianfei.asp?
type1=<%=type1%>&state1=<%=state1%>"</script>
```

信息删除步骤，如图 8.18 所示。

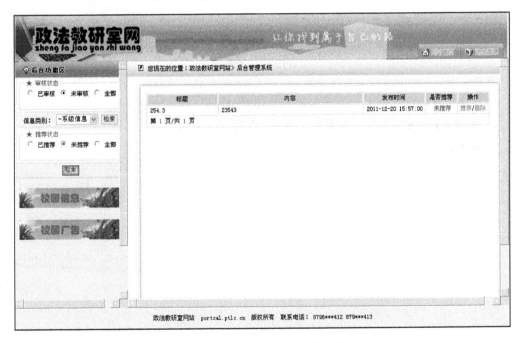

图 8.18　"政法教研室网站"信息删除页面

信息删除成功实现，如图 8.19 所示。

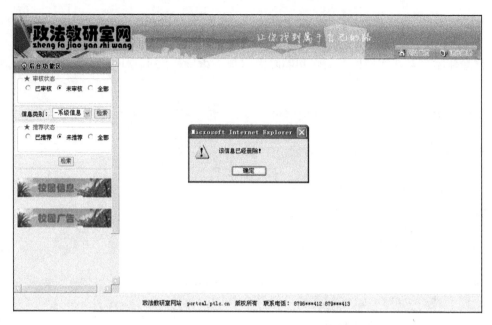

图 8.19　"政法教研室网站"信息删除成功页面

习　　题

1. 如何对系统进行分析，其要实现的功能是什么？
2. 根据需求分析的描述，如何制定实现目标？
3. 教研室网站的前、后台模块是基于什么考虑来制定的？

第 9 章   毕业设计综合管理系统

1．了解毕业设计网上管理系统的特点，能够理解毕业设计综合管理系统的操作流程。

2．了解系统分析对技术可行性、经济可行性、操作可行性分析、系统综合要求、系统功能要求以及系统运行的要求。

3．了解系统依据功能和角色进行设计，并掌握各模块详细设计过程。

9.1   系统开发背景

随着计算机及计算机网络的普及和全国各院校的校园网络的日益完善、健全，各种工作的计算机网络化将逐步取代繁重的传统办公模式。毕业设计作为大学生学习的重要环节，也有必要实行计算机网络化管理，从而减轻设计指导老师的承重负担，简化立题、选题、评分等过程，让烦冗的课题设计信息采用计算机数据库统筹管理。因此，设计一种毕业设计综合管理系统是我校教学管理发展的一项任务，也是各院校教学发展的趋势。该系统为学生、教师、教务处提供一个交互的接口，方便了学生、老师及教务处的管理人员。

毕业设计网上管理系统具有以下几个特点。

(1) 管理方便，整个过程只需操作计算机就能完成，而且安全可靠。

(2) 强大的容错功能，操作者的每一步操作都有系统提示，不用担心进行了错误的操作。

(3) 完善的后台管理，采用分级权限管理。

(4) 自动化程度高，教师在进行立题之后，学生便可以在网上进行选题，并可对教师进行评价等操作，单击鼠标便可将所有的信息输入数据库，烦琐的管理项目由系统自动完成。

(5) 模块化设计，可以将程序进行扩充，完成另一些功能。

(6) 设有留言板和论坛，学生和教师可以利用此设施进行信息的反馈。

(7) 对必要的结果具有打印的功能，作为资料进行保存。

9.2   系统功能描述

在设计前期，由各个指导教师在各个院系规定的时间内进行网上立题(对应到各院系专业)，立题的项目主要有课题名称、课题内容、立题次数、难易程度等。随后由所属院系教务审核人员对课题进行审核，审核的结果分为适用和不适用；需要修改的课题在规定的时间内进行修改，审核人员对其进行第二次审核，审核通过的，则该课题可被学生选择，若不通过，则指出原因，教师可以查看审核结果。

下一步是学生的选题阶段。学生在规定的时间内提交个人的信息，进入系统后，学生可对通过审核的题目按专业进行选择(对应到各院系专业)，一个学生可以选择 3 个课题。各指导教师在学生自主选题的基础上对其所立课题的学生进行最后的选择确认，一个老师最多可带 5 个学生。学生可以查看最后的选择结果。在教师选择结束后如果个别的学生没有课题，则与所在院系联系，系里可以根据课题的选择情况将学生调剂到学生人数相对较少的课题上。在进行课题设计的过程中，若对所选课题或指导老师有什么意见则可通过本系统提供的 BBS 进行反馈，并可根据自己的看法对其指导老师进行评分。

设计进入尾声阶段时，指导老师可在网上对其所带学生进行打分，学生可在网上直接看到自己的成绩等。分管教务的人员可以通过查看指导教师的分数了解教师的指导情况，查询和统计学生的设计成绩，并打印成报表，以作为今后的参考资料。

通过以上的描述，系统的操作流程图如图 9.1 所示。

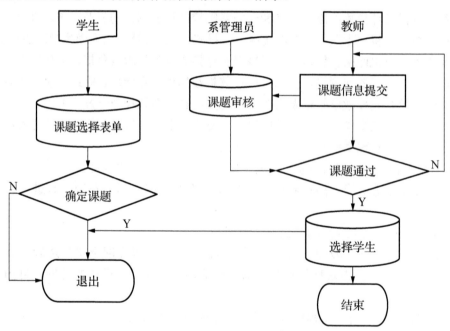

图 9.1　毕业设计综合管理系统操作流程图

9.3　系统分析介绍

1．技术可行性

本系统采用微软的 ASP 技术。微软的 Active Sever Pages(ASP)是服务器端脚本编写环

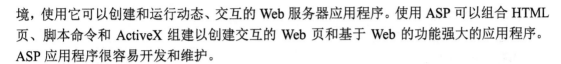

境，使用它可以创建和运行动态、交互的 Web 服务器应用程序。使用 ASP 可以组合 HTML 页、脚本命令和 ActiveX 组建以创建交互的 Web 页和基于 Web 的功能强大的应用程序。ASP 应用程序很容易开发和维护。

2. 经济可行性

本系统并不复杂，采用先进的 ASP 技术后，不需要投入太多的人力、物力，从而开发所需要的资金投入也不高，在经济上是完全可行的。

3. 操作可行性分析

随着校园网的建成与发展，正是此系统大显身手的好机会，且此系统是在校园内部网上运行的。

通过以上三个方面的分析得出结论：基于校园网的毕业设计综合管理系统符合软件开发的要求，可以实现。

4. 系统的综合要求

本系统的开发采用 B/S 模式，即浏览器/服务器模式，是一种从传统的二层 C/S 模式发展起来的新的网络结构模式，其本质是三层结构的 C/S 模式。B/S 是在用户和数据库之间加入一个 Web 服务器从而较圆满地弥补了传统 C/S 模式的缺陷。

主要表现在以下几个方面。

(1) 由于客户端软件为浏览器，B/S 模式提供了一致的用户界面，且实现客户端的零配置和客户端平台无关。

(2) 系统开发维护和升级都集中在服务器端，因而易于升级扩展和集成。B/S 模式基于开放的 TCP/IP 协议，具有良好的开放性、扩展性。

(3) B/S 模式提供灵活的信息交流和信息发布。

(4) B/S 模式具有很好的经济性且易于推广。

5. 系统功能要求

(1) 方便强大的资料管理功能，良好的人机界面；尽量避免字和长字符串的人工重复输入。

(2) 灵活方便的查询性，能快速实现符合关键条件的查询。

(3) 应有较强的可扩充性。

(4) 教师完成课题申报、修改、选择学生、成绩评定；院系完成审核；学生选择、给教师打分；提供综合查询、打印等功能。

6. 系统运行要求

本系统使用环境分为服务器和客户端。

(1) 服务器环境如下：

硬盘空间：不少于 4GB

内存：2G 以上

软件：Windows7+IIS，数据库采用 Microsoft Access，浏览器 IE7.0 或以上的版本。

(2) 客户端环境如下：

硬盘空间：不少于 1GB

内存：2G 以上

软件：浏览器 IE7.0 或以上的版本。

7. 系统数据流图

通过对整个系统的数据分析绘制出整个系统的数据流图，如图 9.2 所示。

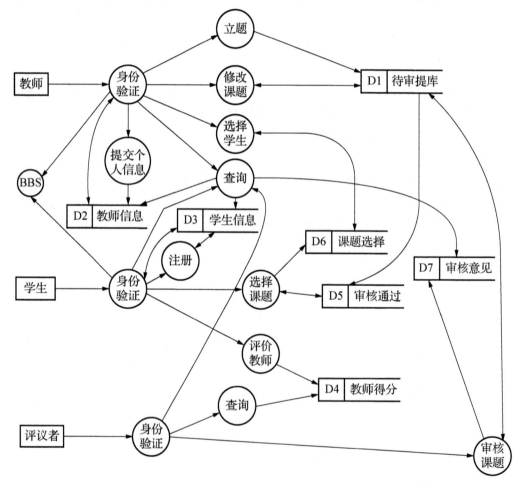

图 9.2　系统数据流图

教师模块的细化数据流如图9.3所示。

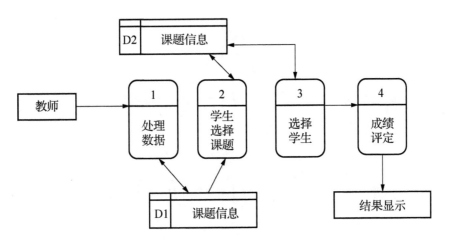

图9.3　教师模块数据流

系统审核人员数据流图如图9.4所示。

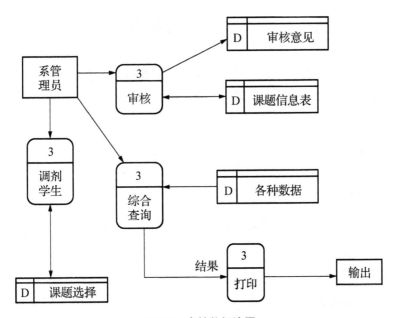

图9.4　审核数据流图

学生选题模块的细化数据流图 9.5 所示。

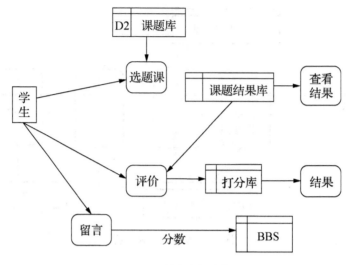

图 9.5　学生数据流图

9.4　系　统　结　构

系统根据功能可分为教师、学生的前台操作和系教务人员的综合管理。

系统有四个主要的角色组成：教师、学生、院系的教务人员、管理人员。

1．教师完成的操作

个人信息的管理，课题的申报、修改、选择学生，设计期间与学生的交流与辅导、成绩的评定。

2．学生完成的操作

注册自己的个人信息，选择课题，设计期间利用留言板和教师进行交流，对教师的指导进行打分、评定。

3．院系的教务人员

对教师提交课题进行一审、二审；对没有课题的学生进行调剂；对选题的结果和成绩进行查询、统计、打印；对教师的指导情况进行查询、打印和备案。

4．管理人员

对教师和学生的信息进行查询、添加和删除；对数据库进行备份和恢复，完成数据的初始化；网站的设置与管理。

9.4.1　系统结构层次图

系统结构层次如图 9.6 所示。

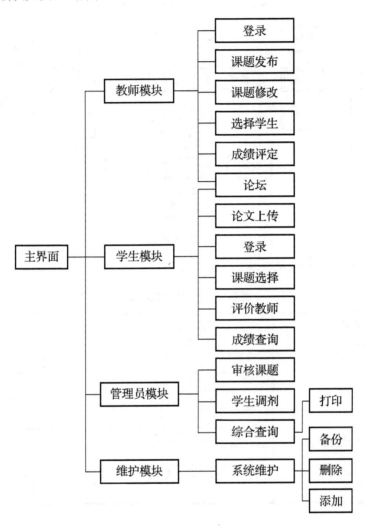

图 9.6　系统结构层次图

9.4.2　数据库结构

本系统在开发阶段采用 Microsoft Access 2013 数据库对数据进行存储和管理。数据库逻辑设计结果 ER 图如图 9.7 所示。

数据库物理结构设计要基于以下原则。

(1) 在实现基本功能的前提下，尽量减少数据的冗余。

(2) 结构设计与操作设计相结合。

(3) 数据结构有相对的稳定性。

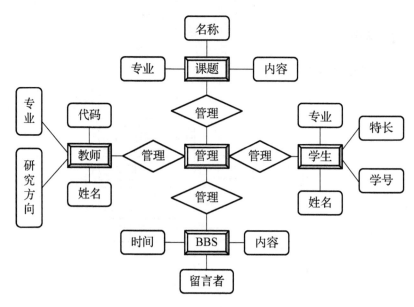

图 9.7　ER 图

各个数据表的结构设计见表 9-1 至表 9-8。

表 9-1　课题信息表(ktxxb)

字段名称	类型及长度	注释
院系	文本，15	教师所在的院系
专业名称	文本，15	课题所属的专业
课题名称	文本，30	课题的名称
教师代码	数字，长整型	分辨教师唯一关键字
课题主要内容	文本，255	
立题次数	数字，长整型	
指导教师	文本，5	
最终人数	数字，长整型	标识最终有几个学生选择该课题
审核结果	文本，5	该课题是否适用

表 9-2　课题选择表(ktxzb)

字段名称	类型及长度	注释
学号	数字，长整，(必填)	标识学生的唯一关键字
学生姓名	文本，8，(必填)	
课题名称	文本，30，(必填)	
教师代码	数字，长整	
指导教师	文本，5	
专业名称	文本，15	
院系	文本，15	

续表

字段名称	类型及长度	注释
志愿	数字，长整	学生选择课题的顺序
最终结果	数字，长整	教师选择学生后，记录的该字段设为1，表示被选中
评价	文本，5	毕业设计的成绩

表 9-3　审核意见表(shyjb)

字段名称	类型及长度	注释
课题名称	文本，30	
指导教师配备	文本，10	评议内容
指导本课题学生人数	文本，10	下同
文字处理写作要求	文本，10	
计算机应用要求	文本，10	
培养学生三基能力要求	文本，10	
阅读中外文资料要求	文本，10	
专业知识覆盖面	文本，10	
审核小组修改意见	文本，10	
教师代码	数字，长整	

表 9-4　学生注册表(xszcb)

字段名称	类型及长度	注释
xsxm	文本，5，(必填)	学生姓名
xh	数字，长整，(必填)	学号
ssyx	文本，15	所属院系
zy	文本，15，(必填)	专业
xb	文本，3	性别
mm	文本，10，(必填)	密码
xqtc	文本，255，(必填)	兴趣特长(教师选择学生的重要依据)

表 9-5　教师信息表(jsxxb)

字段名称	类型及长度	注释
教师姓名	文本，5，(必填)	
教师代码	数字，长整，(必填)	标识教师的唯一的关键字
性别	文本，3	
出生年月	文本，10	
职称	文本，10，(必填)	
所属院系	文本，15，(必填)	

字段名称	类型及长度	注释
学科类	文本，5，(必填)	用来区分不同的提交表单
学科部	文本，15	
密码	文本，10，(必填)	
研究方向及成果	文本，255，(必填)	学生查看教师能力的依据

表 9-6　审核人员表(shryb)

字段名称	类型及长度	注释
姓名	文本，5，(必填)	
代码	数字，长整，(必填)	审核人员的标志
院系	文本，15，(必填)	
密码	文本，10，(必填)	
专业名称	文本，15，(必填)	
学科部	文本，15	
学科类	文本，5，(必填)	

表 9-7　留言板(bbs)

字段名称	类型及长度	注释
号码	数字，长整	
姓名	文本，5	
时间	文本，10	留言的时间
主题	文本，255	
回复	文本，8，(必填)	
回复给	文本，8	
内容	文本，255，(必填)	
院系	文本，15	
课题	文本，30	
教师	文本，5	

表 9-8　打分表(dfb)

字段名称	类型及长度	注释
学生姓名	文本，5	
课题名称	文本，30	
学号	数字，6	
指导教师	文本，5	
院系	文本，15	
文件	数字，长整	评议的各项内容

续表

字段名称	类型及长度	注释
选题	数字，长整	下同
开题	数字，长整	
资料	数字，长整	
要求	数字，长整	
指导	数字，长整	
纪律	数字，长整	
答辩	数字，长整	

9.4.3　各模块详细设计过程

界面设计是重要的组成部分，操作人员主要通过对界面的浏览和操作实现系统的运转。系统主界面包括：学生、教师、专家评议、系统维护、帮助等链接，不同的人员单击不同的链接进行操作。

1. 系统登录主界面

系统登录界面如图 9.8 所示。

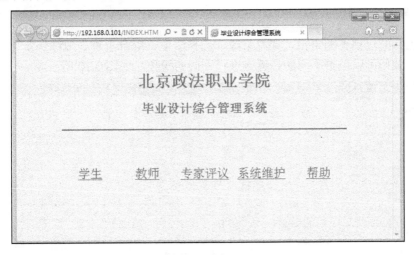

图 9.8　系统主界面

2. 教师注册界面

教师完成个人信息的注册，例如姓名、代码、密码、研究成果及方向等；采用文本框和下拉菜单。将特定的数据录入菜单中，这样可以使操作更简洁、输入的数据更规范，可以减少操作上带米的不便；研究成果及方向可能需要填写较多的数据，因此采用文本域控件。在单击"提交信息"按钮时，将会触发由 JAVA 语言编写的 CLICK 事件，用来检查是否有未填写的信息，以及验证密码是否一致。完成以后，系统会弹出一个对话框，要求你对填写的信息进行最后的确认，如图 9.9 所示。

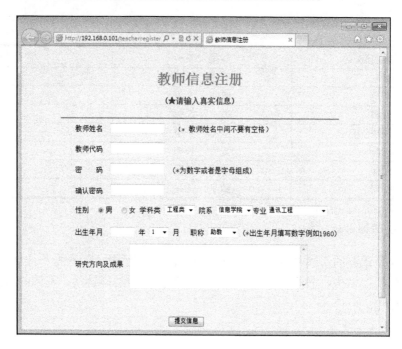

图 9.9　教师注册界面

3. 教师主界面

教师主界面包括课题申报、课题修改、选择学生、综合查询、成绩评定、论坛等模块的超链接，教师可以单击不同的超链接进行不同的操作，如图 9.10 所示。

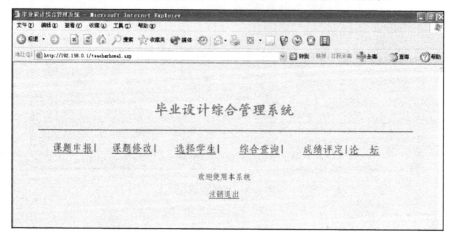

图 9.10　教师主界面

4. 选择学生界面

系统从课题选择表中将选择该课题的学生的姓名以及志愿读出，连接显示到课题名称对应的表格；同时给名字加上超级链接。教师可以单击学生的姓名查看学生的基本信息，来决定该学生是否符合此课题，如图 9.11 所示。

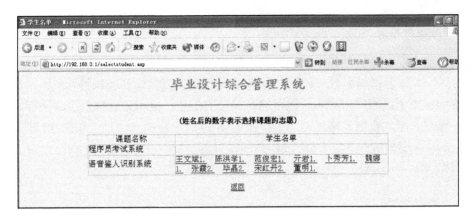

图 9.11　选择学生

5. 成绩评定界面

系统从数据库中将教师最终选择的学生的名单提取出来，名字后面采用下拉菜单显示成绩的等级，例如优、良、中、及格和不及格档次，如图 9.12 所示。

将提交的字符串用 SPLIT 函数分割存入数组 a,num 表示学生的个数，采用循环的方式将成绩写入数据库。其主要代码如下：

```
for i=1 to num
    score=a(j)
    name=request.form("name"&i)
   name1=clng(name)
 set conn=server.createobject("adodb.connection")
conn.open " driver={Microsoft Access Driver (*.mdb)}; DBQ=" & server.mappath
("db1.mdb")
   sql="update ktxz set 评价='"&score&"' where 学号="&name1&" and 最终结果=1"
```

图 9.12　成绩评定

6. 课题显示界面

将数据库中的课题信息显示到表格里，供审核人员评议。课题主要的项采用特殊颜色的字符标注，以加强鲜明的效果。同时用 IF 语句根据不同的学科类别进行判断，显示不同的课题内容。由于课题的内容和备注可能有很长的信息，显示到表格里没有换行，会导致页面很不美观。因此根据表格单元的大小决定每 30 个字符换一次行，如图 9.13 所示。

```
<%s1=rs("备注")
cr=int(len(s1)/35)
c=0
do while c<=cr
ss1=mid(s1,1+10*c,35)
sss1=sss1&ss1&"</p>"
c=c+1
loop
%>
```

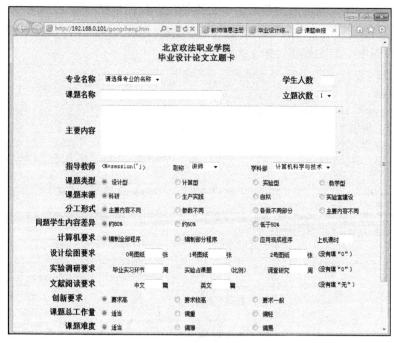

图 9.13　课题显示

7. 课题审核界面

将教师提交的课题信息读出，审核人员填写审核表单，确定课题是否合适，如图 9.14 所示。

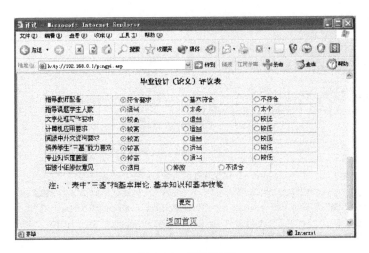

图 9.14　课题审核

8. 学生主界面

选课结果界面和查看课题结果界面基本一样，是同一页面在不同条件下的显示，所以算法等都是一样的，只是查看课题结果只能对结果进行查看，而不能进行重新选择，可以在选完课题后随时查看，因此不再特别列出。结果页面是系统从课题数据库中选择当前进入系统学生的所有所选课题的信息，将课题的选择顺序(志愿)、课题名称、指导教师等结果显示出来。其中如果学生所选课题的指导教师选择了该学生，则在选中列中会显示选中，如果教师还未选择或没有选择该学生，则会显示未选中。在评价列中，显示的是该学生的毕业设计的最终成绩。如果指导教师已经给了该学生成绩，则显示该学生的评价结果，否则显示"无"。如果学生对当前所选的课题不满意则可以单击"重选"，系统将从数据库中删除学生的课题并将"志愿"设置为"1"，返回到课题选择页面，学生可以重新进行课题的选择。如果选择了"完成"，则系统弹出提示框，询问学生是否真的确定当前的课题选择结果，如果确定，系统将清空"志愿"的值，并提示操作完成不能再进行修改，如图 9.15所示。

图 9.15　课题选择

这部分主要代码如下：

```
<%if session("stuid")=empty then
response.redirect("xuanke.asp")
end if
if session("choose")>3 then
response.redirect("results.asp")
end if%>
<html>
<head>
<meta http-equiv="Content-Language" content="zh-cn">
<meta http-equiv="Content-Type" content="text/html; charset=gb2312">
<meta name="GENERATOR" content="Microsoft FrontPage 4.0">
<meta name="ProgId" content="FrontPage.Editor.Document">
<title>课题选择</title>
```

9. 综合查询界面

可以对选择课题的结果、学生的成绩、课题的审核结果等进行查询，并打印成报表，如图 9.16 所示。

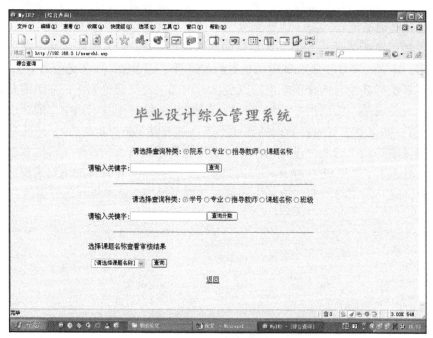

图 9.16　综合查询

10. 学生调剂界面

该项功能是对没有课题的学生进行调剂，系统根据输入的学生信息，将该学生所在专业课题的选择情况显示在下拉菜单里，教师可以根据人数进行调剂，如图 9.17 所示。

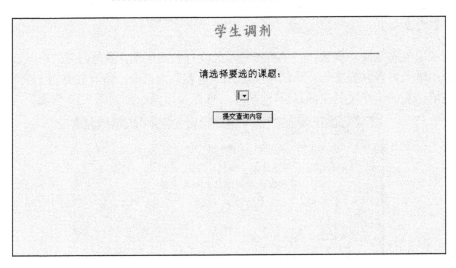

图 9.17　学生调剂

11. 留言板界面

留言板主界面和对教师进行评价类似，只有确定了课题的学生才能进入留言系统。学生模块主要应用了网页的框架结构，在留言板中也不例外。上框架是引导页面，显示了用户可以查看的页面：返回选课系统、留言板主页面、查看本院系的留言和查看本课题的留言，以方便对查看留言的不同要求、同学之间相互讨论及指导教师对提出问题的同学作出回应。下框架是主页面，显示了相应范围的留言。如果用户需要留言可以单击"我要留言"。留言也是一目了然，主页面显示出相关范围的留言数目，共有多少页和当前页数，用户可以通过单击"上一页"或"下一页"来查看其他页面的留言。留言的最前面显示了学生留言的主题和留言的字数，使别人可以了解留言的中心意思，单击此处便可以查看留言的具体内容；然后是留言者和留言时间；最后是对该留言回复的留言数目。由于留言板是学生和老师共用的，所以为了区别，在显示教师留言的教师姓名后标有了"教师"字样，如图 9.18 所示。

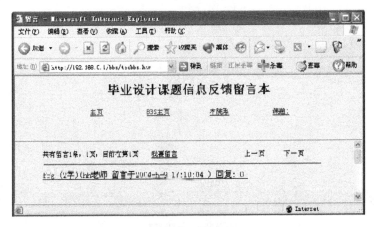

图 9.18　留言板

12. 留言及回复

留言和回复不是同一页面，但是两者基本上没有大的区别，只是回复的时候没有主题。在文本框中输入内容并提交后，系统就将输入的内容、留言者、留言的时间、主题(如果是回复则是所回复的用户及其主题)及其他基本信息存入数据库，如图 9.19 所示。

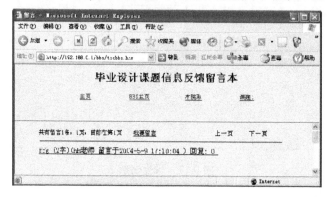

图 9.19　留言板

13. 系统维护

系统维护是保证整个系统能否运行的关键。系统维护人员可以进行数据库的备份，添加审核人员，对恶意抢注别人的信息进行删除，每年的毕业设计结束后，对数据进行删除，如图 9.20 所示。

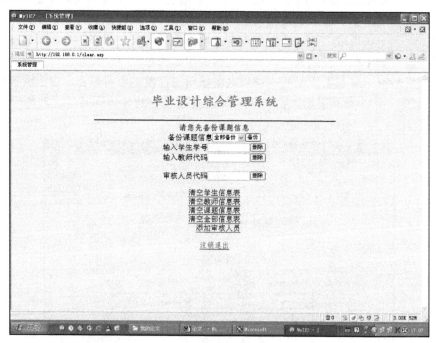

图 9.20　系统维护

习　题

1. 针对本章系统功能描述，绘制流程图。
2. 针对本章系统分析介绍，绘制出整个系统的数据流图。
3. 数据库物理结构设计基于哪几个原则考虑？

参 考 文 献

李金良，王征风，王红刚，2014．ASP.NET 程序设计与应用[M]．北京：清华大学出版社．

李蕾．2016．动态网页开发——ASP+Access[M]．2 版．北京：高等教育出版社．

李文才，田中雨，王晓军，2012．ASP 动态网站开发基础教程与实验指导[M]．北京：清华大学出版社．

明日科技，2007．ASP+Access 数据库系统开发[M]．北京：人民邮电出版社．

王征，周峰，2008．ASP+Access 2007 动态网站建设基础与实践教程[M]．北京：电子工业出版社．

周兴华，王敬栋，2006．ASP+Access 数据库开发与实例[M]．北京：清华大学出版社．